MEMORY EXPERT

记忆高手

如何让考试和学习变得轻而易举

胡嘉桦　陈泽

中国纺织出版社有限公司

内 容 提 要

我们的记忆效率是可以通过记忆方法提高的，我们的记忆能力是可以锻炼增强的。这本书分享了许多高效的记忆方法与训练方式，是学生和职场人士提升记忆力的得力助手。书中详细剖析了各类实用记忆法和复习秘诀，如逻辑梳理法、联想记忆法等，通过实例生动展示如何巧妙运用记忆法，让记忆不再枯燥困难。

无论是应对学业考试，还是处理工作中的繁杂事务，这些方法都能助力你快速且牢固地记住关键内容。同时，书中还提供了针对不同场景制订的记忆策略，帮助你根据自身情况灵活运用，有效克服记忆难题，开启高效学习与工作的全新篇章，轻松掌握记忆的奥秘！

图书在版编目（CIP）数据

记忆高手：如何让考试和学习变得轻而易举 / 胡嘉桦，陈泽楠著. -- 北京：中国纺织出版社有限公司，2025.6. -- ISBN 978-7-5229-2550-9

Ⅰ. B842.3

中国国家版本馆CIP数据核字第2025MZ1579号

责任编辑：郝珊珊　　责任校对：寇晨晨　　责任印制：储志伟

中国纺织出版社有限公司出版发行
地址：北京市朝阳区百子湾东里A407号楼　邮政编码：100124
销售电话：010—67004422　传真：010—87155801
http://www.c-textilep.com
中国纺织出版社天猫旗舰店
官方微博 http://weibo.com/2119887771
鸿博睿特（天津）印刷科技有限公司印刷　各地新华书店经销
2025年6月第1版第1次印刷
开本：710×1000　1/16　印张：13
字数：160千字　定价：58.00元

凡购本书，如有缺页、倒页、脱页，由本社图书营销中心调换

各方赞誉

从记忆爱好者，到顶尖记忆选手，直至研究记忆相关的课题、出版专业书籍，两位作者一步步走来，真正成为行业专家。作者通过自身实践证明了高效记忆法对个人成长的帮助，并且把心得汇总，惠及千千万万的人。提升记忆力，选择此书，肯定没错。

山西省记忆学会执行会长兼秘书长　陆伟

记忆不是一项单一的活动，而是一个庞杂的系统。这本书给出了完整的记忆系统架构，帮助我们发现记忆问题，并指导我们改正，给人以积极的力量。书中的方法科学实用，能够很好地融入日常学习、生活，让我们对自己的记忆能力更加自信，也让学习变成了一件有趣的事。

第五届全国智力运动会记忆竞赛秘书长、
深圳市记忆协会第一届理事会会长　聂东东

两位作者不仅是竞技记忆领域的佼佼者，在实用记忆方面也有独到心得，这本书有些内容让我也眼前一亮。

有缘接触本书的你，成为最强大脑和记忆高手并不遥远，好好阅读本书并且刻意练习，你也能管理好你的大脑记忆库，为大脑赋能，让生命绽放！

《最强大脑》全球脑王教练、
记忆管理学导师　袁文魁

这本书最大的亮点在于，它分享了大师们独家的记

忆技巧和训练方法，这些方法另辟蹊径却又切合实际，让看似高深莫测的记忆术变得触手可及。有了这本书，就等于把两位世界记忆大师请到身边做私人记忆教练，助力你挖掘大脑的无限可能，让记忆从此不再是难题。真心推荐大家走进这本书，一同踏上这场奇妙的记忆提升之旅。

世界记忆锦标赛成人组总冠军
听记数字项目世界纪录保持者　胡雪雁

很多人可能未曾意识到，"记"与"忆"其实是独立的两个课题，各有侧重却又紧密相连。想解决"如何记得牢"，还要从明白"为何记不住"入手。作者在书中倾囊相授他们钻研多年的实用记忆法，帮你从此告别"背完就忘"，真正掌握记忆的艺术！

亚洲记忆运动会成人组冠军　方彦卿

这本书从行动分析到复习要领，建立了高效记忆的系统方法，融汇记忆宫殿、理解记忆、联想法等经典技巧，并深入探讨复习规律和个性化策略。作者以他们培养出的众多优秀选手证明了记忆方法的实用性与前瞻性。

哈佛大学博士　《挑战不可能》选手
第五届全国智力运动会记忆运动委员　钱泓金

在当今信息爆炸的时代，记忆影响着我们学习新知识、应对工作挑战的效率。而本书的独特之处在于运用了系统记忆方法论，手把手带领读者多模块分析，制订适合自己的记忆方案。相信每位读者都能从中受益，解锁自身记忆的无限潜力！

世界记忆巡回赛暨环球大师赛副裁判长
亚洲记忆运动联盟高级教练　陈俊利

陈泽楠和胡嘉桦，是两位具有丰富记忆竞技比赛参赛经验，且长期实战钻研教学的老师，相信通过他们的引领，你能够打开一扇记忆的大门。

三届世界记忆锦标赛中国总决赛冠军

《挑战不可能》和《最强大脑》节目选手　张兴荣

两位作者的很多记忆理念和我不谋而合，在记忆方面他们既重视图像记忆方法，也重视逻辑记忆方法，更重视因人而异的思维差异与守正创新的研究态度。相信这本书也会为各位带来不一样的思维碰撞与感悟。

哔哩哔哩知名视频创作者　世界记忆大师　沈宏杰

如果你也是一个经常为记忆而烦恼的人，不妨看看书中的内容，这本书将会为你揭开大脑记忆思维的奥秘，让你体验轻松阅读和记忆的考试技巧，为你打开高效记忆的世界。让我们一起来探索记忆的奥秘，揭开思维的帷幕吧！

国际特级记忆大师　《挑战不可能》节目选手　甘考源

嘉桦和泽楠都是记忆领域的顶尖高手，书中分享的内容干货满满，将教你如何运用记忆方法让学习变得高效、更轻松。

世界记忆大师　《挑战不可能》节目选手　邱晓康

本书由基础与实战两大板块组成，理论与应用相结合，很好地为读者呈现了记忆方法的奥妙。相信读完此书，你一定能够学有所获，学有所成。

世界记忆大师　第28届世界记忆锦标赛形象大使　倪生贵

前言 1

2024年4月7日，当看见自己的名字出现在北京师范大学拟录取硕士研究生名单上时，我的内心抑制不住地激动，在反反复复浏览了数十遍这份名单之后，我才长长地舒了一口气，闭上眼睛，陷入了回忆。

2014年，因为一档名为《最强大脑》的综艺节目，我的人生被彻底改写。当时的我和班上的同学一样被电视上神乎其技的表演深深地折服了，上百个毫无规律的指纹，千奇百怪的钥匙纹理，居然真的有人能记得住！但和其他人不同的是，除了发出啧啧惊叹，我开始钻研这些匪夷所思的表演，想要弄清楚电视上的选手到底是如何完成的。也正是在这个过程中，我发现所有疑问的答案都指向了同一个技能：记忆法。

2分钟记住一整副随机打乱的扑克牌，记住数百个无规律的数字，这些在大家看来难以想象的事情，经过了一段时间的专项练习之后，普通人居然也能完成。我被这魔法一般的技巧深深地吸引了，开始痴迷于记忆法的训练。结果真的如传说中的那样，在经过了一段时间的练习之后，我也掌握了这个神奇的技能。

就这样，因为一场综艺节目，我开启了长达十年的记忆竞赛之旅：2017年成为国际记忆大师，2018年和队友一起帮助中国队拿下亚洲记忆公开赛团体冠军，2023年拿下全国智力运动会记忆竞赛的总冠军……

十年间，数不清的训练，数不清的比赛，换来了数不清的荣誉。但也正是在这个过程中，我开始产生一种自己的记忆力非常好，无论什么东西都能轻松记住的错觉，而这也是很多记忆运动员普遍的一种潜意识，可事实并非如此。

记忆运动员在记忆竞赛中使用最多的记忆技巧名为"记忆宫殿"。这是一个存储记忆信息的特殊空间，记忆选手们通过将需要记忆的信息进行编码并放入空间之中，以实现快速记忆。我在应对大学期末考试的时候，同样使用的是这一技巧，并在短期备考的突击中取得了不错的效果，这样的经历让我误以为记忆宫殿不仅是记忆竞赛最好的方法，同时也是学习生活中背书备考的最好方法。而这份对记忆方法应用的误解和对自身记忆能力的高估，一直伴随我来到了考研阶段。然后我就被现实用异常痛苦的压力和挫折体验，以我最难以接受的方法，硬生生从幻觉中叫醒了。

记忆宫殿的存储空间是有限的，无法直接存储研究生考试所要求具备的庞大知识量，如果通过大量的编码联想勉强将知识量压缩到记忆宫殿之中，我们的大脑就无法很好地记住这些知识，结果只会是大面积的遗忘和由此带来的焦虑与压力。不仅如此，记忆宫殿的优点——同时也是它的缺点——就是可以让我们在不理解需要记忆的信息的情况下，就能将它们记住。这也是记忆选手能记住无规律信息的原因，因为数字和扑克牌本身没有规律，能够不理解就记住那再好不过了。可是如果盲目地使用记忆宫殿法来备考，就会令我们忽视对知识本身的理解，只是将它们记住，这其实是一个舍本逐末的行为，以这样的知识掌握程度，也无法帮助我们通过理解性质的考试。

这是我在第一次考研末期，临近考试时才意识到的惨痛教训。这也让我想起了最近在看的一档综艺节目《快乐向前冲》，节目中一群肌肉发达的健美达人本以为可以轻松通过挑战，不承想连第一关都无法通过，才几秒就从跑步机上掉了下来，甚至还不如没有经过训练的普通人。乍一看，跑酷闯关应当是运动达人的舞台，但实际上，健美达人的大块肌肉跟闯关需要的灵巧身形虽然都是运动的象征，却完全不是一回事，记忆比赛和知识背诵也是同理。

在第一次考研失败之后，我开始认真地研究知识记忆的方法与技巧，我不希望自己是一个只会记忆数字、扑克牌的竞技选手，而是希望自己过往所学的知识能够被迁移到更加广泛的地方。在阅读了大量文献资料并与许多有经验心得的前辈交流之后，我终于整理汇总出了真正适用于备考各类考试的背书技巧，并用它成功通过了研究生考试，成为北京师范大学教育学部的一名研究生，并在此之后萌生了想要将这些方法分享给更多有需要的人的念头，帮助更多的朋友提高记忆效率。

因此，我邀请来了我的好朋友：国际记忆大师陈泽楠，和我共同编写这本背书秘籍，希望它能够真切地帮助书本前的每一位读者朋友以合理高效的记忆技巧去应对接下来的每一场考试。

当然大家如果在自己实践的过程中遇到问题，也可以关注我的小红书或者抖音账号：桦仔超级健忘，并给我发私信，我会尽可能给大家提供指引。

胡嘉桦

2024年6月14日

前言 2

为什么会和胡嘉桦老师一起写下这本书呢？这大概是因为我们两个人和广大学子一样都曾经痛苦地在学海中扑腾过，所以很能体会那种淹没于应试教育题海，渴望抓住一根救命稻草的感觉。因此，我们希望我们的经验能够帮助那些有心进取却走投无路的学子们。

我和嘉桦都不是传统意义上的"优等生"，一度也都是学习困难户，但是最后也都通过和常人不一样的"蹊径"走到了学习的正轨上——嘉桦顺利地考上了北京师范大学的研究生；而我作为零基础非法本的考生，凭借自学也一次性轻松通过了有着中国第一考之称的法律职业资格考试（以前称为司法考试）。并且这些年，我们也通过教授记忆方法、学习方法，帮助很多学生从学习困难的处境中走了出来。

从学生时代别人眼中的差生，到如今能够轻松地应付学习甚至教别人学习，回顾一路走来的足迹，我也是不胜感慨。还记得初中的时候，一个别人简简单单就能学会的知识点，我抱着书反复找同学和老师请教，最后搞得大家都不耐烦了不想教我，我就只能自己一个人躲在房间琢磨。因此，我总是在学习上花费比别人多几倍的时间却收效甚微。无论怎么努力，每次成绩出来都是惨不忍睹的。我无数次想要放弃学习，觉得自己不是这块料，明明已经放弃了几乎所有的娱乐活动，一心扑在学习上，这结果真的对不起自己的努力。但是一想到父母失望的脸庞，同学们鄙夷的目光，自己就发誓不争馒头也要争口气，只要努力就一定会有逆袭的一天。为此，我从初中开始就在摸索各种各样的学习方法，什么康奈尔笔记、图像记忆、模型解题法、费曼学习法……心理学上有一条定律叫作"跨栏定律"——一位名叫阿费烈德的外科医生在解剖尸体时，发现一个奇怪的现象：那些患病器官并不如人们想象的那样糟，相反在与疾病的抗争中，为了抵御病变，它们往往要代偿性地比正常的器官机能更强。换成咱们中国的一句老话就是"久病成良医"，而我也正是在这种"自救"的道路上逐步明白了学习方法的重要性并总结出了应对不同学习内容的方法和技巧。

在学习以及教育这条道路上探索了这么多年，我深深意识到一个问题：我们从小就被要求好好学习，但是从来就没有人能真正告诉我们应该怎样好好学习。有的人机缘巧合之下摸索到了正确的学习方法，于是脱颖而出；而有的人由于没有得到好的指引，自己也未能领悟出一套适合自己的学习方法，最终只能惨遭淘汰。对于脱颖而出的人，大家习惯给他们打上"聪明"的标签，而对于那些落后的人，大家则是用一个"笨"字将其宣判死刑。但在我看来，人与人之间的差距，往往并非是由智力因素造成的，更多的是由后天的成长环境、学习技巧、思维习惯等因素造成的。而这种差距，完全是可以弥补的！

我自己就是一个很好的例子。从以前的"吊车尾"到后来的获奖无数，从以前的学习困难户到后来轻松通过"中国第一考"法考，从众人眼中平平无奇的小透明到成为揭阳市第一个获得世界记忆大师称号并踏上央视舞台的人，我一直都是同一个我，不一样的就是以前的我不知道该如何去学习和思考，现在的我有了属于自己的高效学习方法以及正确的思维习惯。此外，在这些年的教学过程中，我也亲眼见证了非常多的通过掌握正确的学习方法而"差生逆袭成学霸"的案例。这些人也都曾经身处黑暗之中迷失方向，但在掌握了对的学习方法以及通过不懈的努力后，他们最终走上了通往光明的大道！所以，如果你现在正深陷学习的泥沼中苦苦挣扎想要放弃，请不要自我怀疑，请不要放弃。相信我，你真的不比别人差，只是还没走上正确的路而已。

　　和大家说这么多，就是想让大家在翻开此书之前先对这个世界祛魅——以往接触过的很多同学以及同学的家长，都会被我们头顶的光环误导。像最强大脑、记忆大师等头衔，会让大家本能地觉得我们就是天生的聪明人，我们能做到的事情是其他人再怎么努力也做不到的，这样想其实是大错特错的！今天我把自身故事放在前言，就是想告诉大家：我们也只是普通人，甚至曾经的我们可能还不如现在的你们。我们最终能做到这些常人看来匪夷所思、遥不可及的事情，比如二十多秒记住一副扑克牌，一小时记忆两千多个数字，很短的时间背下别人需要几天还不一定能记住的晦涩的古诗文等事情，也只是因为我们找对了方法，并持之以恒进行练习！

陈泽楠
2024 年 6 月 14 日

目 录

序章 - 1

记忆法的二三事儿 - 2

 一 传说中的记忆法到底是什么 - 2
 二 记忆法面临的质疑 - 3
 三 学习不等于记忆，也不等于考试 - 4

基础篇

第一章 神秘的记忆法 9

 第一节 记忆法概述 —————————— 10
  一 记忆的基本概念 - 10
  二 记忆法的起源 - 11
  三 记忆法的传播与发展 - 12

 第二节 记忆法的原理 —————————— 13

第二章 图像记忆法 15

 第一节 故事联想法 —————————— 16
  一 提取关键词 - 17
  二 编码 - 18
  三 联想 - 22
  四 还原与修正 - 26
  五 复习 - 26
  六 脱钩 - 29

	第二节	想象力训练 ————————————	29
		一 图像感的训练 - 30	
		二 联想能力的训练 - 32	
	第三节	编码拓展 ——————————————	33
		一 数字编码 - 34	
		二 字母编码 - 35	
		三 扑克编码 - 37	
		四 知识体系高频词提前编码 - 38	

第三章
定桩记忆法
39

第一节	身体定桩法 ————————————	40
第二节	地点定桩法 ————————————	42
第三节	打造记忆宫殿 ————————————	48
	一 黄金地点的选取 - 52	
	二 拓展地点 - 61	

第四章
答疑篇
64

第五章
思维导图
68

第一节	什么是思维导图 ————————————	69
第二节	如何绘制思维导图 ————————————	71
第三节	思维导图在学习中的应用 ————————————	77
	一 记笔记 - 77	
	二 分析文章 - 80	
	三 帮助深度学习和复习 - 84	
	四 思维导图与记忆法结合 - 86	

目录

实战篇

第六章 选择题的速记秘诀 91

第一节 选择题不为人知的秘密 —— 91

第二节 记忆选择题的十八般武艺 —— 92
 一 关键词速配：看不懂题也能做对的秘诀 - 92
 二 串联法：题干和答案的连连看 - 95
 三 口诀法：我们都是小作家 - 104
 四 故事法：并列信息的超级克星 - 106

第三节 数据记忆小妙招 —— 109

第七章 简答题原来要这样记 115

第一节 分点作答再也不会漏了 —— 115
 一 逻辑建构法 - 116
 二 口诀法 - 120
 三 故事法 - 121
 四 图像法 - 124
 五 定桩法 - 129

第二节 文段拆解的十八般武艺 —— 147
 一 断章取义法 - 147
 二 逻辑图梳理法 - 153
 三 思维导图 - 157
 四 总结 - 164

第八章 背一本书的终极奥义 166

第一节 把握背书的心态 —— 166
 一 行动开始前 - 166
 二 背书过程中 - 168

　　　　　　三　完成背书后 — 168

第二节　做好背诵规划 ——————— 169
　　　一　建立对书本的整体认识 — 169
　　　二　制订背书计划 — 171
　　　三　特殊情况 — 174

第三节　灵活地运用各种记忆方法 ——— 176

第四节　记忆方法是一个辅助的支架 ——— 178

第五节　把握知识真正的核心 ——————— 179

第九章　必看的系统性记忆方法论　181

第一节　行动分析 ——————————— 181
　　　一　自身分析 — 182
　　　二　材料分析 — 183

第二节　制订计划 ——————————— 185
　　　一　记忆方法 — 185
　　　二　记忆技巧 — 186
　　　三　复习规划 — 186
　　　四　其他事项 — 187

第三节　执行计划 ——————————— 187
　　　一　监控记忆过程 — 187
　　　二　调整记忆步调 — 187

第四节　复习要领 ——————————— 188
　　　一　复习心态 — 188
　　　二　留下线索 — 189
　　　三　复习效率 — 189
　　　四　多样的复习方式 — 189

序章

本书的写作初衷是想作为一本工具书来帮助考生应试的，因此我们选择了各种各样的题型案例，并且在题型中搭配了相应的记忆方法进行讲解，所以考生们可以针对自己的薄弱环节、感兴趣的内容直接进行查阅与学习，以便掌握自己需要的应试技巧。但是，考虑到有些考生是想要比较系统完整地去了解和掌握记忆法，或者有些考生在学习专门技巧后对记忆法有了兴趣，想要更加深入地去探索与学习，最终我们还是决定将本书分为基础篇与实战篇两大板块。基础篇着重给大家讲述记忆法的理论知识，带领大家了解什么是记忆法，以及记忆法的训练方式。而实战篇则是以案例的形式带领大家深入了解和学习相应的记忆方法。喜欢从理论入手进行学习和钻研的同学可以着重学习基础篇，而喜欢通过刷题来提升自己的同学则可以在实战篇中进行训练和提升。本书的基础篇与实战篇相对独立，实战篇中的案例部分都会对使用到的记忆方法进行全面讲解，哪怕基础篇中已经讲过的，实战篇中也不会省略。因此，同学们大可直接翻阅实战篇中你们感兴趣的案例学习对应的记忆技巧，而无须担心没看过基础篇就会看不懂这些部分。

记忆法的二三事儿

一 传说中的记忆法到底是什么

广义上的记忆法泛指能提高记忆效率的一切方法，大致包括元记忆策略和记忆策略两大板块。

元记忆策略是指在完成记忆任务时，根据自身记忆能力和偏好、人类的记忆遗忘规律、记忆任务的具体内容，来选择并制订最优的记忆解法；以及在记忆过程中，实时监控自己的记忆状况、完成记忆目标的程度并据此调整自己的记忆节奏。

而记忆策略则主要包括四大策略：第一个是注意策略，将注意力集中于要记忆的素材的策略；第二个是精加工策略，对信息进行编码的策略；第三个是复述策略，通过有节律的重复，将信息存储于长时记忆中的策略；第四个是编码组织策略，将信息按照一定逻辑进行梳理，形成逻辑框图、思维导图等。我们常见的联想记忆法就属于记忆策略中精加工策略的范畴。

除此之外，还有如何规划记忆和复习时间的时间管理策略，如何调动自身积极性朝目标前进的努力管理策略等。这些记忆法相互配合，相互补充，就能很好地提高我们的记忆效率。

二 记忆法面临的质疑

现在互联网上存在着一种抨击记忆法的声音，认为记忆法是一种扭曲知识原本意思的歪门邪道，即使记住了知识也没有理解，根本毫无意义。从一定程度上说，记忆法中的联想记忆法确实存在"扭曲知识原意"之嫌。因为联想记忆法正是通过对知识点进行头脑风暴和拓展联想，从而改变知识点含义，降低记忆难度，达到快速记忆的目的。比如"1857年印度民族大起义"，联想记忆法可以将"1857"谐音为"一把武器"，通过想象"印度人拿着一把武器开展了民族大起义"来达到帮助人们快速记住这一知识点的目的。在这一过程中，联想记忆法虽然确实帮助我们非常快地记下了这一历史事件的年份，但也的确扭曲了知识点原本的意思——印度人并不是仅凭借一把武器进行起义的，并且给"1857"这个年份创造了原本它并不具备的意义。

但是我们会发现，"一把武器"虽然是不符合实际情况的联想，但和"起义"之间的关系是契合的，因为起义是需要武器的，它们具备一定的关联性，我们在记忆这组信息的时候并不会产生额外的记忆负担，而这也正是联想记忆法正确的使用方式。倘若我们把"1857"谐音为"一把围棋"则无法建立同样性质的关联。想要利用"一把围棋"来记忆"1857年印度民族大起义"就无法起到降低记忆难度的作用。

联想记忆法受到质疑也正是因为大家（甚至一部分从事记忆法教学的老师）认为只要利用谐音联想来记忆知识就等于联想记忆法。殊不知联想记忆法的精髓在于发散联想的同时又能把握好发散思维和知识点本身的联系，而不是天马行空地胡思乱想。

三 学习不等于记忆，也不等于考试

面对质疑，我想要给大家传递的观点是：联想记忆法确实会一定程度上改变知识点原本的含义，但它的目的仅仅是帮助使用者更快、更牢地记住知识，而且使用得当的话，记忆效果是非常明显的，至于是否能很好地理解知识的含义说到底并不是联想记忆法的职责。

根据布鲁姆的教学目标理论，我们可以将知识的认知学习分为六个层次：记忆、理解、应用、分析、综合、评价。如果真的要将某一特定知识学得特别好，需要在这六个层次上都做出努力，而绝对不仅仅是能记住或者是能应用就算把这个知识给学透了。记忆法能够帮我们解决的就是其中记忆维度的问题，它只要能够帮我们实现高效记忆，那它就是一个非常好的学习工具。如果因为它没有做好理解、应用等这些其他板块的事情而指责它不是个好工具，实在是强"人"所难。

要理解知识就要采用理解的办法，要应用知识就要采用应用的办法。在我们阅读文献了解了印度民族大起义原本的意思之后，再采用联想记忆法，就可以在不影响我们理解的前提下很好地将知识记住了。简单来说，学习不只是记忆，记忆也不等于学习，记忆仅仅是学习的一个部分，只要在理解的前提下进行记忆，就可以避免扭曲原意的问题了。

但需要注意的是，我们在学习的时候需要明确自己学习的目的，是拓宽自己的知识面还是通过考试？如果是不考虑时间问题的为爱好而学，自然花多少时间在理解上都没有问题，但如果是为了备考，我们就需要看重时间的利用率，如果刨根问底地去探究单一知识点的深层次原因将会花费较多的时间，不利于在有限的时间内学习和复习足够多的内容。这里举一个在互联网上看到的例子：汉族为什么要叫汉族？是因为过去的汉朝非常强大。那为什么汉朝要叫汉朝呢？是因为刘邦做过汉中王。

那为什么叫汉中王呢？是因为汉中王的领地里有条河流叫汉江。那为什么叫汉江呢？因为过去人们把银河称为"汉"，而这条河流的走向和银河一样，所以把这条河流命名为"汉江"。那为什么把银河称为汉呢？……

这样的问题可以一直延伸下去，虽然把理解做到位了，但也离我们原本的学习目的越来越远了。因此如果是为了考试而学习的话，我们就需要做好求知欲和学习目标的平衡，对于感兴趣的内容我们要压制自己的求知欲，对于不感兴趣的内容则要调动自己的求知欲，将知识点的理解调整到能通过考试的程度。甚至对于一些特定的考验记忆力的考试，也可以在没有理解的情况下，凭借记忆法硬记下来。

联想记忆法是否扭曲内容的原意并非判断这个方法好坏的标准，一个工具如何发挥好它的作用，还是要看我们的使用目的和应用的方式是否得当。那到底这些方法应该被如何应用才是妥当的呢？请大家在阅读中找到属于自己的答案吧！

基础篇

第一章　神秘的记忆法

在进入这一章节之前，我们先来做个小测试。接下来我会给大家一组信息，请大家尝试使用你们平常惯用的死记硬背的方式，在2分钟内将它们记忆下来：

穿山甲、海蜇、czn、火星、凉粉、腰鼓、hju、315、北斗七星、"海客谈瀛洲，烟涛微茫信难求"、bgyjt、%&%、硬币、手鼓、钻台、小鸭子、9192631774

大家能记住多少呢？如果你只能记住寥寥数个词语，请不要灰心，往下看，等你把方法掌握后，这种程度的记忆量只是小菜一碟。如果你全部都能记住，那么说明你的记忆力本身就非常棒，但是死记硬背终究会感到吃力，而且能保持的时间也并不持久。等学习了后面的记忆方法后，我会再让你们尝试记忆一组信息，届时，相信诸君自然能感受到使用记忆法与死记硬背之间的差异。

2014年一档名叫《最强大脑》的节目播出，在国内掀起了一场脑力风暴，随着《最强大脑》节目的风靡，越来越多的"天才"走进了人们的视野，其中最受人瞩目的当属那些记忆高手们。节目中的天才们所展现的惊人绝技拨动着我们的神经，让我们不禁感慨：如果能和他们一样，何愁单词、课文记不住？何愁考试应付不了？

事实上，随着这类人的大量出现，他们身上的秘密也随之被揭开！如果说天才就是那些拥有着与众不同才华与能力的人，那么，毫无疑问，他们就是！如果说天才就是生下来就与别人不一样，就什么都会，那么，可能"天才"这两个字得从字典上删去了！因为我们每个人生下来除了大哭大叫啥都不会！越来越多的科学研究表明：根本没有所谓的天才，每个人都不过是环境与经历的产物！是后天的环境与经历造就了我们每一个人！如果说一个人思维比别人快、智商比别人高，那可能只是他从小就经常动脑思考问题而不是依赖从别人那获取答案！如果说一个人画画很有天赋，那可能只是在孩童时期他就对周围的事物充满好奇，日复一日地养成了对周围事物仔细观察的习惯！同样，如果一个人的记忆力超群，可能也只是他从小在看书、背书的过程中，潜移默化地形成并养成了自己的高效记忆习惯，形成了一套好的记忆方法而已！

结合大学期间与一个个世界级的记忆大师，以及众多《最强大脑》选手的聊天谈话和本人从小到大的亲身经历，我最终得出了一个结论——所谓的"天才"，很多都是后天培养的！记忆力是可以后天训练的！我们每个普通人，与那些"神人"之间，缺少的可能只是一套合理高效的方法而已！这更让我坚信——若能将高效记忆的方法普及开来，必定能解决大部分学生对于书本概念记忆困难的问题，能够提升学生的学习效率，让更多为"记不住""背不下"而烦恼的学子们从枯燥、痛苦、机械的记忆模式中解放出来，把更多时间、精力用于对数理逻辑以及特长爱好的培养，真正做到：轻松记忆，快乐学习。

第一节　记忆法概述

一　记忆的基本概念

在了解记忆法之前，我们要先了解一下什么是记忆。记忆就是个体对其经验的识记、保持和再现(回忆和再认)。"识记"就是信息的输入和加工,"保持"就是信息的储存,"再现"就是信息的提取和输出。用计算机的术语来说就是人脑对外界输入的信息进行编码、储存、提取的过程。通俗点来讲,记忆就是"记住"和"回忆"两个过程。因此,我们平常所说的记性差主要有两种情况:一个是记不住,另一个是想不起。简单来说,记忆法的核心理念就是以旧记新以及建立联系。记忆,是刻在基因上的烙印,是与生俱来的一种能力。在没发明文字以及各种记录工具之前,为了种群的生存和繁衍,人类就不得不记住周围的环境以及一切事物,他们要分辨出哪些动物、植物对人们有害,哪些有益,如何寻找食物,如何应对各种自然灾害。要想把这些经验一代一代地传递下去,就需要保存记忆。可以说记忆是人类文明得以延续的一个重要因素。毫不夸张地说,强大的记忆力是人类能居于灵长目之首的最大原因之一。

二 记忆法的起源

关于记忆法的起源,最早可追溯到 2500 年前的古希腊时期。据传,当时有一个叫作西蒙尼德斯的诗人,接受了当地人的邀请,要在一场宴会上朗诵一首赞扬希腊神灵的抒情诗。当他上台准备朗诵之际,有两个人找他有事,于是他赶忙走出宴会厅。而当他离开之后不久,宴会厅的屋顶鬼使神差地塌了下来,留在宴会厅里面推杯换盏的可怜人们全部都遇难了,无一人生还。等到大伙闻讯而至搬开石头堆,却发现死者全部血肉模糊,很难辨认身份。就在这时,西蒙尼德斯凭借脑海中对每位宾客所坐位置的记忆,一一辨认出他们各自的尸体来!这便是最早的记忆法——地点定位法,也是目前仍在流行与传播的记忆方法——记忆宫殿的最早雏形。

三 记忆法的传播与发展

历史长卷上记载着的记忆力超群的名人甚多，关于他们的奇闻轶事至今仍然为人们津津乐道，口口相传。有看一遍就能记住《孟德新书》的张松，有看一遍便能临摹出相同画卷的达·芬奇。关于他们的传说，大家耳熟能详，但是，对于这些记忆力超凡的人物，他们为什么如此出众，他们使用了什么样的方法进行记忆，却鲜有记载。目前，拥有比较详细记载并且传承下来的就是上面我们说到的记忆宫殿，我们便以记忆宫殿这一"记忆法中的活化石"为线索，带大家探寻一下记忆法这千百年来的艰辛发展历程！

记忆宫殿据传是欧洲中世纪的一种秘术，由于当时印刷术还没有普及，很多书都需要用人脑记，可是死记硬背可以说是每个人大脑的短板。于是当时的人们便在古希腊路径定位法的基础上得到灵感；既然人对于空间方位以及地点上的事物记忆会比较轻松与清晰，那么是否可以把要记忆的材料进行转化，再与改造后的路径记忆法进行结合，辅助人们记住海量晦涩枯燥的文字信息呢？于是记忆宫殿就这么诞生了。但在当时保守封建的时代背景下，大多数愚昧民众认为掌握记忆宫殿的人都是妖孽（人类总是很难接受那些和自己很不一样的事物），便将掌握了记忆宫殿的人当成女巫或妖孽用火烧死。因此，此法在相当长的一段时间内在欧洲大陆几近绝迹，只存在于少量文献或少数人的脑子里。尽管此法于欧洲大陆几近灭绝，但还是于大航海时代随着欧洲传教士利玛窦传入了中国。利玛窦这个名字或许大家并不陌生，他是意大利人，于明朝万历年间来到中国，成为朝廷的一名洋官员。他还是天主教在中国传播的最早开拓者之一，也是第一位学习中国古典文学的西方学者！他在自己的著作《西国记法·明用篇》中详细记载了记忆宫殿的使用方法——"以本物之象，及本事之象，次第安顿于各处所""有寻常日用的知识，有切要但不常用的专名；有现实经验，也有想象臆测以及真假参半的记忆"。这是最早的关于记忆宫殿的文字记录，寥寥数字，却道出了这一记忆法的本质，甚至是除此以外的其他诸如联想记忆法之类记忆方法的理论基础！但在当时的中国，这种记忆法也并未受到重视，此法只于史书中有关利玛窦此人的记录中偶有提及。综上原因，记忆方法这一概念在往后数百年间陷入沉寂。

可能谁也没有想到，这一有着千年传承却风雨飘摇险些凋零的方法，却在即将迈入21世纪之时重新进入人们的视野，并在往后短短20年内发生了爆炸性的传播与发展。随着各类记忆赛事的普及，一个又一个的世界级记忆大师产生，各国高手们不断挑战着人类的极限，他们活跃于各行各业各个领域，在这一过程中那些尘封的方法被重新发掘与完善，新的方法也在不断产生。高效记忆方法因此才逐渐走入人们的视野，慢慢为大众所知晓。而在诸如德国的《超级大脑》，美国的《美国达人秀》，中国的《最强大脑》《挑战不可能》等电视节目的推动下，记忆法更是走入寻常百姓的视野中，得到了世界范围内的推广与普及。

第二节 记忆法的原理

前面我们已经说到，记忆分为"记住"和"回忆"两个过程。很多人都认为自己记性差，老是记不住东西，但是其实对于我们绝大多数人来说，记住东西并不难，真正的问题是我们记住了却想不起来。不信？我们一起往下看。

你是不是经常经历这样的情况：考试的时候，明明知道某道题的答案刚背过，当下却怎么也想不起来，但是铃声一响，卷子一收，马上又能清清楚楚地知道答案是什么了。又或者是上课被老师喊上台背诵古诗文，你背着背着被卡在了某一句，死活也想不出来，这时只要台下小伙伴提示你一两个词，后面的句子你就又能滔滔不绝地背诵出来了。还有就是某个场合，你看到了一个眼熟的人却想不起在哪里见过，这时身边人提醒你一下这人的相关信息，你一下子就会想起在哪里见过此人以及有关他的一切。相信这些情况大家都曾经历过，而这些情况都说明了，对于很多事情我们确实不是没记住，而是想不起。

我们的大脑就像是一座图书馆，而我们记住的信息其实就是一本一本的书。如果把几大卡车的书一股脑地全倒进这座图书馆里，那么我让你去里面找出某本我要的书，你能找得到吗？书确实就在图书馆里，但是你根本无从找起，就像上面那些情况一样，信息点确确实实就记在我们脑子里，但你根本无从回忆起。但如果我给这座图书馆分门别类，提前规定好哪一类型的书应该放在哪座楼层的哪个书架上，再让你去寻找，是不是就会十分轻松？因此，我们使用记忆法，其实就是为了给大脑图书馆中的书籍分门别类，让自己在需要时能够轻松地检索信息。

到底什么是记忆法？在我看来，**记忆法就是通过想象和联想，将想要记忆的信息和脑中已经存在的事物相关联，从而达到快速记忆的目的，也就是说记忆法的本质就是以熟记新和建立联系**。记忆法并不会从本质上提升我们的记忆力，它只是在记忆材料时使用一些信息加工技巧，从而给回忆环节留下足够多的线索，让我们在回忆时可以做到"有迹可循"。换言之，记忆法只是合理调用大脑资源的一种手段。所以也希望大家可以理性看待记忆法，它没办法让你做到轻轻松松地过目不忘，但是绝对能让你达到不使用记忆法绝对达不到的效果。它不可能让你不劳而获，但绝对会让你的努力物超所值。

第二章 图像记忆法

广义上来说，记忆法泛指一切可以辅助人们记忆的方法，但是从狭义上讲，我们平常所说的记忆法特指图像记忆法。那么到底什么是图像记忆法呢？

图像记忆法就是通过想象和联想，对想要记忆的信息进行加工和转化，在脑中以画面的形式呈现，从而帮助记忆的方法。接下来请跟着我的引导，体验一下什么是图像记忆法：

吊车	赛车	西安	比赛	姐姐
小男孩	花坛	越野车	水管	豆芽
收音机	水怪	池塘	堤坝	电脑
长裙	柠檬	面包	乒乓球拍	衣架

接下来，我会将上面的20个词语以一个故事的形式串联起来，而你需要做的是在脑中以画面的形式将这个故事呈现出来，就像播放电影一样：

一辆**吊车**吊着一辆**赛车**去**西安**参加**比赛**，车上**姐姐**和**小男孩**谈论路边**花坛**上停放着的**越野车**很酷，越野车旁边有人拿着**水管**在浇**豆芽**。这时候**收音机**里播报着有**水怪**出现在**池塘**中并且摧毁了**堤坝**，姐姐于是打开**电脑**搜索相关新闻。这时候一个穿着**长裙**吃着**柠檬**味**面包**的人突然把**乒乓球拍**朝姐弟俩的车窗丢了过去，姐弟急忙躲闪，撞坏了别人门前的**衣架**。

现在，请在脑海中回忆刚刚的小故事，看着脑海中的电影画面，尝试着把画面中对应的词语默写出来：

_____

_____

_____

现在对一下答案，是不是全都正确了？

通过这么一个简短的小故事，我们可以说是不费吹灰之力就把这20个词语记住了，与在前面的章节让大家进行测试的时候，大家使用死记硬背去记词语相比，是不是轻松了非常多？这就是图像记忆的魅力所在，而且这个方法并不是什么高深莫测的技能，而是利用了我们大脑本身就具备却一直被忽视的一个能力！比起枯燥无趣的文字符号，我们的大脑天然地会对故事和图像更为敏感，这也就是我们背完书没一会儿就会忘，却对电影情节、电影画面等的记忆能保持非常长时间的原因，对于那些情节惊险刺激、跌宕起伏的电影，甚至只需要看一遍就终生难忘，这一切都是因为我们的大脑天生偏爱接收图像信息！

图像记忆法包含了非常多的子方法，但是前期大家需要着重关注的就两种——故事联想法和地点定桩法，只要把这两个方法技巧练到位，就能掌握记忆法的精髓，其他的记忆方法学习和应用起来都能信手拈来。所以以下章节我会非常详细地给大家介绍这两种方法。

第一节　故事联想法

上文中大家记住那20个词语所使用的方法叫作故事联想法，也叫导演法，是记忆选手们最常使用的方法之一。那么接下来，我就带领大家详细地学习一下故事联想法的核心技巧。故事联想法，可以用一条公式来概括，就是：提取关键词——编码——联想——还原与修正——复习——脱钩。一共6个环节。接下来，我会对每个环节进行详细讲解，确保毫无基础的"小白"也能弄懂应该怎么入手以及如何提升。

一 提取关键词

平常记忆文章、古诗等内容时，相信大家都是先记住一些关键的字词，再以此为依托慢慢去扩充内容的。我们使用记忆法记东西时，这个底层逻辑也是不变的。第一步就是要提取材料中的关键词，然后把这些关键词串联成一个故事记住，这样一来文章的骨干内容我们就能记住了，然后慢慢地通过逻辑、语感等把剩余内容填充完整即可。很多人会把文章中所有字词都当成关键词提取出来，都转化成图像来编故事，个人觉得这是大可不必的。一方面是因为我们提取个别字词作为主干后，核心内容就已经能记住了，此时剩余的内容是完全可以通过逻辑结构、语言表述的习惯、语感以及多重复几遍等直接记住的。千万不要为了使用方法而使用方法，有些时候，记忆技巧配合上适当的死记硬背效果会更好！另一方面，我们平常的学习中，其实鲜少有内容需要大家一字不漏地记住，因此很多时候我们记住关键信息点就已经足够应试了。当真的需要一字不漏地记忆篇幅很长的文本材料时，那故事联想法其实也不是最优解，此时最好的记忆方法是"记忆宫殿"，这一方法我们也会在下一章节中教会大家。

对关键词的提取情况也因人而异，有些人可能一句话只需要一两个关键词作为提示线索就能非常完整地还原出来，有些人则可能需要多些提示词才能还原得比较完整，这和个人的阅历、知识储备等都有关，需要大家在实践中去评估自己的情况。个人的建议是，把文段中最能反映中心思想的词提作关键词，把那些拗口的概念性名词也提取出来加工，那些每次回忆你都想不起来的词也可以提取出来加工。

二 编码

在记忆法中，我们所说的"编码"并非其在汉语词典中的字面含义，而是有着特殊含义，简单描述就是：对提取的关键信息进行加工转化，使其成为容易编造故事的词语的一个过程。

前面带领大家记忆的 20 个词语，全部都是形象词，也就是在日常生活中有具体物品可以对应的词语，因此将这些词语转化成画面并不困难，难的仅仅是怎么把它们串成一个逻辑通畅的故事（这一技巧会在后面"联想"部分详细展开讲），说到这里大家就会意识到，我们平常需要记忆的文章，考试需要背诵的各种概念、定理、法则等，里面出现的词语往往都不是"篮球""月亮""乌龟"这种有具体形象的词语，更多的是"漂亮""文化""平等""主体""自然人"等并没有具体形象的抽象词语。有些抽象词语可以和形象词一起编入故事中从而记住，但是更多的抽象词是并不适合编入故事也没办法在脑中呈现图像的，对于这种词语，我们就需要使用一些技巧，把抽象词转化成为形象词，从而更好地编造故事以及在脑中呈现图像画面！

那么抽象词如何转变为形象词呢？这里我们给大家介绍五种基本的方法：

1. 谐音法

谐音法就是通过谐音的方式将抽象词转化成为有具体形象的词语。比如："实证"可以谐音成"时针""湿疹"，"逻辑"可以谐音成"洛基""裸鸡"，"迟到"可以谐音成"刺刀"等。

2. 增减字法

很多词语虽然是抽象词，但只要给词语增加或删减一些字，就会变成一个可以产生图像的形象词，比如："信用"可以变成"信用卡"，"表达"可以转化成"表达者"。

3. 倒字法

有些词语正着看是一个抽象词，但是反过来读又会成为一个形象词，比如："雪白"反过来是"白雪"，"代表"反过来就可以变成手表的"表带"。

4. 望文生义法

望文生义即是将词语中的字单独拎出来按照字面含义进行转化，比如："抽象"我们可以想象成"抽打大象"，"金融"想象成"金子熔化"。

5. 替换法

替换法就是看到某个抽象名词时，你会想到什么与之相关的具体物品或形象，你就可以用这种形象去替代这一抽象词语。比如：说到泰国我们就会想到榴梿，说到法律我们就会想到身穿律师袍的律师，说到交通我们会想到汽车。因此，我们就可以使用这种方法，将抽象词语转化为与之相关联的事物，从而用转化后的事物去进行故事联想辅助记忆。但是有一点需要注意，相较于其他四种转化方式，使用替换法转化出的词语可能与原本的抽象词的关联性是最弱的。因为无论是谐音、增减字还是倒字或望文生义法，它们的转化都是建立在对原本词语的加工上，转化后的词语多少都与原本的词语有相似之处，这样也更容易还原出本来的词语。而使用替换法转化出的词语可能与原本的词语相去甚远，比如泰国与榴梿、交通与汽车等词语，它们转化之后已经完全变样了，只能依靠一种比较弱的逻辑通路对二者进行关联。这种关联通道往往是很单向的，比如看到泰国你很容易想到榴梿，但是看到榴梿你是否也会很自然地想到泰国呢？这是因人而异的，因此这需要你在信息加工的过程中留意转化后的事物是否能符合你的大脑习惯，是否能够顺畅地让你还原回原本的词语！毕竟我们真正想要的不是转化抽象词语，而是记住原来的词语！

以上几种方法只是给作为新手的你们提供几个可操作的思路。事实上，我们进行抽象词转形象词的时候并不一定就是用到上面的某一种方法，可能还会使用到其他的转化方式，或是将上面多个转化方式糅合在一起使用。比如：在我打下这些字的同时，眼睛瞟到了输入框旁边有"样式集"的字样，我很快地就会在脑中想到一个画面——羊把屎拉到鸡头上；再往旁边出现了"排版"两个字，我又会在脑中想到一个"排球撞击到木板并把木板撞断"的画面。第一个例子里我把"样式集"谐音成"羊屎鸡"，再用望文生义的方式想成羊把屎拉到鸡头上；第二个例子里，"排"字让我想到排球，"版"字让我想到木板，于是我的脑中出现了"排球撞击到木板并把木板撞断"的画面。这些转化既用到谐音也用到了增减字（或者说是谐音与望文生义也行），很难说它们是用上了哪种单一的转化方式，所以希望同学们不要陷入教条主义，死钻牛角尖地去探究该用哪一种具体的方式进行转化，关键在于你能进行转化并且能根据转化后的词语还原回去！学习记忆法一定要灵活，切忌死板以及教条主义。这些看似复杂烦琐的转化技巧，当你练到一定的程度之后，你就会形成条件反射，不再需要去思考这个词该用谐音去转化还是用倒字去转化，而是会自然而然地利用某个方法将一个抽象词转化为形象词，而这一转化过程可能比你的思考还要快！

很多刚入门的同学可能会觉得，这种转化过程复杂而烦琐，光是想怎么去把抽象词转化成形象词就已经要花很多时间了，更别说还要花时间和精力去编故事，在脑海中想出画面来记住这些知识，简直天方夜谭！

自己的脑子根本受不了！但我想说的是，不用担心，你们的大脑远比你们想象中更厉害。不过大家会有这种担忧我完全可以理解，甚至大家有这种担忧证明你们的逻辑思维很清晰，有自己的思考与主见。只是，毕竟我们思考与分析所得出的结论都是建立在我们过往的经历以及经验之上的，因此肯定也会有一些超乎我们的常识和理解的存在。和大家讲一个我亲身体会的例子，很多同学们都看过福尔摩斯的故事，在"血字研究"一案中，华生第一次和福尔摩斯见面时，福尔摩斯一握手，就准确地说出华生刚从阿富汗回来，当时的华生还以为福尔摩斯是从谁那里听说过这件事。后来的一次聊天中福尔摩斯向华生说明了自己的推理过程，原文是这样写的：

福尔摩斯对华生说道："咱们初次会面时，我就对你说过，你是从阿富汗来的，你当时好像还很惊讶呢。"

"毫无疑问，一定有人告诉过你。"华生辩解道。

"没有那回事。我当时一看你，就知道你是从阿富汗来的。**由于长期形成的习惯，一系列的思索也立刻掠过我的脑际，因此在我得出结论时，竟未觉察得出结论所经过的步骤。但是，这个结论的得出是有着一定的步骤的。**在你这件事上，我是这样推理的：'这位先生，具有医务工作者的风度，但却充满了军人气概。那么，显而易见他是个军医。他是刚从热带回来的，因为他的脸色黝黑。但从他手腕的皮肤黑白分明看出，这并不是他原来的肤色。他面容憔悴，就清楚地说明他是久病初愈而又历尽了艰苦。他的左臂曾受过伤，所以现在动起来动作还有些僵硬。试问，一个英国的军医在热带地区历尽艰险，并且手臂处负过伤，还能在什么地方呢？自然只有在阿富汗了。'**这一连串的分析，历时不到一秒钟，因此我便确认你是从阿富汗来的。**你当时可还感到惊奇哩。"

这个故事是我在初中时看的，那时属实让我觉得十分震惊和难以置信，心想怎么可能有人在一秒内大脑就进行了这么多步思考！如果我的脑子也能像他一样反应那么快就好了！直到若干年后，在我自己掌握了记忆法后，我发现自己在记数字、扑克牌时，脑中出现图像的速度甚至比我认清数字或者扑克牌花色本身的速度还快。这时我才在记忆这一领域中切身体会到了福尔摩斯在推理领域中所描述的那种"**得出结论时，竟未觉察得出结论所经过的步骤**"的感觉，这两者虽然殊途，但是同归！这种感觉我很难用语言描述给大家，就像我们也很难用语言给没吃过榴梿的人描述榴梿是什么样的味道和口感。因此，我只能用自己的亲身经历告诉大家，在路的尽头，"one piece"（动漫《海贼王》中的大秘宝）是真实存在的！只要大家找对方法并肯付出努力练习，就一定会触碰到我所说的那个层次，能够亲身体会到那种"脑中先出现答案，然后才意识到解题步骤"的奇妙感觉！

以上就是关于编码部分的讲解，上述的编码都是面对文本材料时的即兴发挥，需要大家临场对信息进行加工转化。然而，有一些事物是可以提前编码并且反复使用的，比如数字、字母、符号等数量有限且固定的信息。具体的操作方法会在本章第三节"编码拓展"中详细地为大家讲解，掌握这些固定编码将会对你今后的学习大有裨益。

三　联想

简单来说，联想就是将编码过程中加工出来的词语通过我们的想象力编成一个故事，在这里需要强调：由于每个人的经历、喜好都各不相同，因此，**即便是面对相同的词语，每个人脑中的故事也都是不一样的，所以故事联想是没有一个标准模板的，适合自己、符合自己大脑思维习惯的故事，才能帮你牢记知识点！**我们在书中给大家举的案例仅作为参考。只有通过大量练习，不断地在实战中去磨合，才能真正掌握这种技巧！

虽然使用故事联想法编故事时每个人脑中的故事都是不同的，但是在脑中出图以及编故事时却都有些共同的准则，能够让你脑中的故事更好地帮助记忆。

1. 图像质量

很多人在使用故事联想法时只是简单地将词语转化后直接编成文字版故事，然后就直接把这种文字故事本身记住，完全没在脑中想出什么画面，这样是不可取的！使用故事联想法时故事和图像缺一不可。因为如果只记文字故事，其实也只是另一种形式的死记硬背，内容一多依然还是很容易忘记；而在脑中出现画面就不一样，图像信息能在脑中保存得更长久和牢固。日常生活中大家应该也是深有体会的，让你读完一本书后把内容复述出来你可能会觉得很困难，但当你看完一部精彩的特效大片后，里面那些精彩的片段都会一直萦绕在你的脑海中，甚至晚上睡觉做梦都还会出现在你梦里！这就是图像的力量，也是我们大脑天生的优势，而我们要做的就是把这种大脑对图像的敏感度利用起来，辅助我们进行记忆！有些人可能会觉得自己的想象力不太行，特别是在脑中出现图像时，画面总是会扭曲变形，不由自己控制。这很正常，因为除了从事美术等需要经常动用想象力的相关行业的人员外，绝大多数人从小到大都很少使用大脑的想象力，更多的是使用大脑的逻辑能力以及分析能力。不过不用灰心，后面会有专门的章节带领大家训练想象力和图像控制能力。

2. 荒诞性与逻辑性

现在我们想要记忆"小女孩—石板"这么一组词语，我们进行故事联想时可以想象一个小女孩站在石板上，也可以想象小女孩一口把石板咬碎吞下，你觉得哪个画面会更容易记住？相信几乎所有人都会觉得第二个故事更容易记住，这是因为这种怪诞和反常识的画面会更容易刺激我们的大脑，让大脑感觉印象深刻。那么，我们使用故事联想法编故事是不是越荒诞离奇越好，看到什么内容都要尽可能往夸张、荒诞的方向去编故事？答案是否定的，相信有很多人之前也从各种各样的途径或多或少了解过记忆法，包括网上也有许多关于记忆法的帖子，里面会强调说用记忆法编故事就是要荒诞离奇，越天马行空越好。这种观点是不完全正确的。这个道理其实很容易理解，就像你去看一部科幻大片，里面偶尔出现一些反常理的情节你肯定会觉得新鲜感十足，对这一桥段也会印象深刻。但如果通篇都很荒诞离奇，没有逻辑也没有条理，你只会觉得很莫名其妙，甚至会觉得抵触。并且，按照我们的思维习惯，我们在看到这些词语时，大脑的本能反应也是会往符合我们生活经验的方向去编故事，刻意地去夸张化、离奇化故事情节，其实这是需要我们花费更多时间和精力去完成的，这样也会加大我们使用故事联想法的难度。因此我们在使用故事联想法时一定要以逻辑性作为整个故事的基调，然后在这个框架之内加入些荒诞离奇的情节，增加故事的乐趣，吸引自己的大脑，从而达到牢记的目的！夸张、荒诞、反常识这些手段只能作为调味剂，而不能作为主菜！

3. 转场

很多同学在使用故事联想法时常遇到的一个问题就是故事编着编着陷入死胡同编不下去了，这个时候就得学会转场。前面我们说过，故事联想法还有另一个名称叫作导演法，你可以理解成其实你就是故事的导演，你脑中的画面就是你拍摄的电影。我们看电影的时候肯定不会是从头到尾都在一个场景中，肯定会有各种各样的转场，所以当你的故事编到瓶颈时，不妨另起炉灶，重新把剩下的词语编入另一个场景中，但是要记得做好两个场景之间的衔接。举个例子：

显微镜　黑熊　菠菜　怒吼　蚂蚁

红旗　　护士　　长城　　通红　　蛹　　小船

我们可以想象这样一个画面：实验室中，一个科学家透过**显微镜**看到一只和细菌一样大的**黑熊**在吃**菠菜**，吃完对着旁边的蚂蚁**怒吼**，**蚂蚁**的身上披着**红旗**，然后科学家打电话给**护士**……到这里很多同学可能就会稍微卡住，这个时候我们就可以切换场景，想象护士接电话时正身处**长城**，她来这里是为了研究一种**通红**的蝉**蛹**，接到电话后她马上搭乘**小船**回去。

大家可以看到，这种场景的切换其实就和看电影时内容的转场一样，很自然地过渡过去即可。通过切换场景，"护士"和"长城"这两个比较难发生关联的词也就能很符合逻辑地衔接起来，并且也能让接下来的词语跳出实验室这一狭隘的舞台。

4. 场景

上面我们说到，我们使用故事联想法其实就和拍电影一样，那么一部好的电影除了要有好的主角、故事内容，还得有场景。实践证明，我们在编故事时，如果给故事赋予一个场景会更有助于记忆。有些词语在故事联想时自然会在脑中产生一个场景，就比如说上面的故事中看到"显微镜"这个词会自然而然想到实验室的场景。但有些故事不会让你很自然地想到某种场景。这时你可以随着自己的喜好给故事的发生设定一个场景，比如自己家的客厅、超市、公园，甚至一些电影、游戏中的场景都可以。你在学习完后面介绍"记忆宫殿"的章节后，就更能体会这样做的好处。

阅读到这里，很多人可能又觉得自己的想象力不行，产生了畏难情绪。不用担心，请继续往下看。下一节是专门的"想象力训练"，该篇会告诉大家如何提升自己的想象力，想象力比较差的同学可以认真地对该节进行学习和练习。

四　还原与修正

这两个环节我打算放在一起讲，因为这两件事是需要一起做的。我们在想象和联想时，是通过各种技巧将要记的词语转化成更容易出图的样子去记的，这个过程最容易出现的问题是转化之后没办法精准地还原回来。比如：看到"美丽"一词，可能你脑中出现了一个大美女，但是还原的时候可能就写成了"美女"；看到"战争"一词，你可能脑中出现的画面是一群士兵端着冲锋枪在冲锋，但是写的时候可能就写成了"士兵"。

想解决这一问题，一方面需要多练习，熟练了，很多转化就会固定下来。比如，对于"美丽"一词你每次想到的都是同一个女明星，回忆的时候自然就不会写错。另一方面就是在转化的时候要刻意留意这个问题，多问问自己，这个转化后的词语和原来的词语关联性是否足够，自己是否能够很好地还原回去。

我们在使用故事联想法记忆完文本材料后，下一步就是要根据脑中的画面把对应的关键词准确回忆出来，再根据这些关键词尝试把完整的语句还原出来。在这个过程中，我们要对照文本材料，去校对我们还原的词语、文段是否准确，对于出现差错的，就刻意留意一下，一般下次就不会再错了。但是，对于反复想不起来的图像和反复还原错误的词语，就要考虑重新对词语进行加工，换个转化方式了。

五　复习

无论什么样的记忆方法都是必须复习的。很多人不重视复习这一环节，只顾着埋头狂背，一味贪多，就像一个破水桶，这边忙着进水，那边忙着漏水，最后浪费了一大堆时间，桶里依旧空空如也。这样的努力就只是自我感动式的努力而已，一点意义都没有！你前面已经花了八成的时间去记住知识点，明明只需要在后面多花两成时间去巩固，就可以完全把知识点固定在脑子里，这么有性价比的事情却是绝大多数学生都不愿意干的。

其实，绝大多数同学也不懂怎么复习，认为复习就是把背过的东西拿起来不停巩固。其实这样效率是很低的！大家一定要明确一点：复习是为了查漏补缺，不是为了重复而重复！真正有效率的复习方式，是自己在脑中回忆知识点，遇到忘记的、生疏的，再专门巩固这一部分。把文本材料从头到尾再看一遍不能起到很好的查漏补缺的作用，因为大脑的运行机制是更愿意接受熟悉的事物，对不太熟的事物会存在抵触感，所以从头到尾复习的结果就是那些本来就已经很熟的知识点反而会被不停加深，而那些不熟悉的、遗忘的知识却很难得到巩固，这样的复习机制是本末倒置的。

还有就是关于复习频率的问题，相信很多人都听过艾宾浩斯遗忘曲线：

时间间隔	记忆量
刚记完	100%
20 分钟后	58.2%
1 小时后	44.2%
8~9 小时后	35.8%
1 天后	33.7%
2 天后	27.8%
6 天后	25.4%

根据艾宾浩斯遗忘曲线的规律，我们需要非常高频率地复习才能保留住脑中的信息，但是使用记忆法记忆的信息并不符合艾宾浩斯遗忘曲线。根据我的经验，使用图像法记忆的信息，特别是用地点定桩法记住的信息，即便不复习，隔好几天再去回忆也依然能回忆得八九不离十，绝不可能出现一天之后只剩三成的情况。因此，我们使用记忆法记忆信息后的复习策略就没办法参考艾宾浩斯遗忘曲线，至于到底应该卡在什么样的时间点去复习，这个因人而异，需要同学们自己去摸索自己的具体情况。

我自己的复习习惯是，记完材料马上回忆一遍，确保本次的记忆足够牢固。1~3 天之后我会整体回忆一遍，把生疏或遗忘的内容巩固加强并且记录下来，这算是第一轮复习。一两个星期之后，开始第二轮复习，复习的方式是先把上次记录下来的那些生疏、遗忘的知识回忆一遍，再把其他部分回忆一遍，这一过程中依旧要把生疏或遗忘的内容单独巩固并且记录下来，为下一次复习做准备。第三次复习我会选在 1~2 个月的时候，复习方式与上面的操作一样。经过这三轮复习，知识点基本上就能比较牢固地存在于脑海中了，后面就不太容易遗忘了。后续可以每隔几个月就复盘一下，这个时候即便遗忘也就是忘掉些零零碎碎、边边角角的知识点了，很少出现大面积的知识空白，补起来也是很轻松的。以上这些时间节点是我个人经过实践后摸索出的适合自己的复习节点，你们也需要探索出适合自己的复习节点。我确定这个节点的方式是探索出大概隔多久我脑中的知识点会遗忘两三成，这个时间点作为复习节点就不错。如果遗忘了太多再复习，会有很强烈的挫败感，让自己不愿意再坚持下去；而如果知识点一点都还没忘就复习，则不能有效地筛查出记忆过程中的薄弱环节，后面这些环节还是会出问题，还是得花时间补救，这样整体上用在复习上的时间也会更多，性价比就比较低一些了。

六　脱钩

当我们使用记忆法记完知识后，我们回忆知识的模式是：回忆脑中画面——解读画面信息——还原成知识点原本的面貌。一开始，我们需要脑中画面足够生动、清晰，特别是蕴含着文本信息之处更是要能把细节看得清清楚楚才行。然而随着我们不断地巩固、复习，慢慢地我们就会摆脱路径依赖，开始淡化图像在回忆时所起到的作用——有时候只需要看到朦朦胧胧的一些画面就足以调出我们的全部回忆。直到最终达到像背诵"床前明月光，疑是地上霜"这样的肌肉记忆的程度，而这就是"脱钩"。说白了，我们对知识点的掌握只要足够熟练，最终都会成为肌肉记忆，不管你是死记硬背也好，还是使用了方法技巧也罢，最终我们需要达到的效果都是要和条件反射一样脱口而出。只是使用了方法技巧，能够帮助我们更快、更舒畅地过渡到这一阶段。

第二节　想象力训练

想象力的训练主要分为两个维度，一个是对脑海中画面的掌控能力，也就是我们常说的"图像感"；另一个是编故事的能力。

先来说说图像感。大多数同学在初接触图像记忆法时，感到最困难的点就是没办法很好地控制脑中的画面。大部分人在想象时会出现的状态就是脑海中能出现朦胧模糊的画面，但是当想要让画面按自己的心意去变化时，就会感到困难重重。比如说到鹦鹉时，你脑中可能出现的是一个大概的鹦鹉轮廓，假如此刻你脑中出现的是一只绿色的牡丹鹦鹉，如果我让你把这只鹦鹉变成蓝色的，你可能就会感觉困难了；如果我再让你把鹦鹉的嘴变成金属质感的，爪子变成透明玻璃材质，然后将其放大到和摩天大楼一样大，并让鹦鹉张开翅膀站在摩天大楼顶端一动不动，这时你可能就会感觉到图像不受控制，会乱动甚至扭曲变形。出现这些现象都是正常的，因为你对图像的掌控力还不够。绝大多数人从小到大其实都没有刻意地去使用想象力，我们的想象力经常都是被动激发的。比如，看小说时脑中会出现朦胧的故事画面，读古诗时也会有些朦胧的意境产生。这些都是我们的大脑在接收到外界刺激后自发生成的，对于画面里的内容，很少有人会主动去干预，去把这些内容看清甚至去控制画面让其按照自己想要的样子变化。

一 图像感的训练

接下来我们就来教教大家怎么训练自己的图像感。训练图像感也就是提升自己对脑中画面的掌控力，我给大家制订的训练方案主要分为三个阶段，大家也可以以此为标准判断自己处于什么样的水平。

第一阶段从简单的出图能力入手，我们可以先观察周围的事物，比如桌子、椅子、空调、冰箱、家里的宠物、周围的人等，然后闭上眼睛在脑中把物品还原出来——**先在脑中产生整体轮廓，再去关注局部细节**，着重感受一下物品的形状、颜色和质感，等你能够比较轻松地在脑中再现物品的样貌后，就可以进入下一个阶段的训练了。

如果你有兴趣去学习数字编码，这个部分的练习可以用00~99这100个数字编码里的物品来进行训练，这样既可以锻炼想象力，也可以让自己更加熟练地掌握数字编码，使用数字编码练习的好处就是那100个物品是固定的，越练你就越熟悉，对它的掌控力也会越好，也会更早地体会到那种掌控图像的感觉。万事开头难，一旦你做成过一次，你就可以将这套模式照搬到新的场景中去用。

第二阶段要开始提升对图像的控制能力，因为我们使用故事联想法，最终是要能使用脑中的物品去相互配合发生故事而不是只要能在脑中出现物品的图像就行。开始练习时，我们先进行简单的物品操控——我们先对物品进行平移、旋转、放大、缩小，让图像做出各种各样的动作。一开始会感觉图像不够稳定，总是很不受控地乱动，不用灰心，只要你能耐下性子坚持练习一段时间，对图像的控制能力就能得到大幅提高，然后就可以进行最后一个阶段的高阶练习了。

第三阶段的练习就是要让你能够随心所欲改变图像的样子，甚至能将其变成日常生活中你没见过的样式，就比如上面说到的有着钛合金的嘴、玻璃的脚的赛博鹦鹉。《三体》一书的作者刘慈欣曾经说过："想象力是人类所拥有的一种似乎只应属于神的能力，它存在的意义也远超出我们的想象。"之所以这么说，是因为想象力可以突破现实世界的限制去进行创造，这种能力是异常强大的。当你能够掌握这种能力，随心所欲地去创造事物，你一定会迷恋上这种感觉，并且，这种想象力不仅可以用来帮助记忆，它甚至可以帮助你去将抽象事物形象化，让你以一种可视化的方式去理解抽象的事物，最典型的就是爱因斯坦想象自己坐在一束光上飞行，由此得到灵感提出了大名鼎鼎的相对论。在这一阶段的练习中，我们可以通过对已有事物进行重新组合来创造一些新的物品，比方说把桌子和汽车组合——给桌子的桌板安上方向盘，四只腿下各出现一个滚轮，一辆"桌子车"就产生了。也可以把一条狗的身体与鳄鱼的脑袋拼接起来进行想象。你还可以想象你自己头戴凤翅紫金冠，身披锁子黄金甲，手握如意金箍棒，脚踩筋斗云，化身齐天大圣的模样。

上述练习做多了，你的图像控制能力就会越来越强，这样就能为使用故事联想法进行记忆打下坚实的基础。

二 联想能力的训练

图像能力训练得当后，下一环节就是要练习联想能力，也就是编故事的能力。很多同学在用词语编故事的时候，到了某一个环节发现这个词语和前面的故事格格不入，怎么都塞不进去，这是因为对这个方法还不熟悉，思维还比较呆板。等达到一定水准了，思维足够天马行空后你就会发现，挡在面前的一堵墙，换个角度看就是一扇门。关于故事联想的训练，我给大家设计了两个训练方向——一个是横向联想，也叫作联想开花；另一个是纵向联想，也叫作联想接龙。

1. 联想开花

随便选择一个词语，比如"猫"，围绕这个关键词，尽可能想出一切与猫有关的事物——从颜色上想，就会有黑猫、白猫、蓝猫等；从品种上划分，会想到英短、蓝猫、狸花猫等；猫作为宠物，又会让人想到小狗、鹦鹉、兔子等其他宠物；然后又会想到与猫有关的影视作品比如《猫和老鼠》《虹猫蓝兔七侠传》《神探威威猫》《蓝猫淘气三千问》。

2. 联想接龙

联想接龙就是以一个词语 A 为起点，让大脑自然地联想到另一个词语 B，再以联想到的词语 B 为起点，联想到词语 C，以此类推下去！比如：由生病想到医生，由医生想到药，由药想到电影《我不是药神》，然后想到演员徐峥，再想到他演的猪八戒，由猪八戒又想到悟空，由悟空想到游戏《黑神话：悟空》，进而想到它的投资方腾讯，然后想到腾讯的标志是企鹅，然后由企鹅联想到南极……这样，我就通过"生病"一词一路联想到了"南极"，二者看似毫无关系，但其实有其内在关联。这种练习做多了，你就会发现你的思维不再像以前一样刻板，而是变得非常灵活。

以上这些练习一有时间就可以做，平时排队打饭、坐地铁、洗澡、睡觉前都可以进行练习。我自己当年备赛的时候就喜欢睡觉之前闭上眼睛在大脑中进行各种联想和想象，想着想着就进入梦乡，隔天一觉起来就会感觉图像感变得更好一些了，进行故事联想时也会顺畅许多。

第三节　编码拓展

很多人在看到《最强大脑》的选手们以及记忆大师们展示记数字、扑克牌等绝活的时候都会感到非常震惊，事实上这些不可思议的记忆效果背后所使用的也都是前面教给大家的那些记忆方法——先将数字、扑克这些抽象、没意义的事物转化成有意义的图像，再通过想象和联想去编故事，或者使用我们下一章将要讲解的记忆宫殿，便能将这些看似不可能的事情变成可能。

事实上，记数字、扑克、字母这些信息的难度在我看来是远小于记文字信息的。因为我们的汉字是数以万计的，词语更是不胜枚举，因此我们在记忆文字信息时都得现场编码，即当场对字词进行转化和出图；而数字无非就是0~9的组合，英文字母也就那26个，这些信息我们都可以提前给它们进行编码，用一些固定的物品代替它们。这样一旦遇到对应的数字或字母，就可以直接在脑中产生图像去编故事，省略了提取信息、进行转化等步骤。大家在练习中会发现，随着你们对这些编码熟悉程度的提升，你们记数字等符号的速度会快到你们自己都难以想象，而这种速度确实是记文字信息时很难达到的。这也就是为什么电视节目喜欢展示记忆这类内容的项目，因为看似效果更好，实则难度更低、风险更好把控。

一 数字编码

数字无非就是 0~9 这 10 个数字的组合，不过如果我们只是将这 10 个数字固定成 10 个物品，那么在记忆长串数字的时候物品重复率高，不适合编故事。因此我们所使用的数字编码通常是两位数编码，也就是 00~99 共 100 个。以下就是记忆圈比较通用的数字编码表，大家可以参考一下。

数字编码表：

01 小树	02 铃儿	03 三角凳	04 零食	05 手套
06 手枪	07 锄头	08 葫芦	09 猫	10 棒球棍
11 筷子	12 婴儿	13 医生	14 钥匙	15 鹦鹉
16 石榴	17 仪器	18 腰包	19 药酒	20 香烟
21 鳄鱼	22 双胞胎	23 和尚	24 闹钟	25 二胡
26 河流	27 耳机	28 恶霸	29 鹅脚	30 三轮车
31 鲨鱼	32 扇儿	33 钻石	34 绅士	35 山虎
36 山鹿	37 山鸡	38 妇女	39 三角尺	40 司令
41 蜥蜴	42 柿儿	43 石山	44 蛇	45 师傅
46 饲料	47 司机	48 石板	49 死囚	50 手铐
51 工人	52 鼓儿	53 乌纱帽	54 武士	55 火车
56 蜗牛	57 武器	58 尾巴	59 蜈蚣	60 榴梿
61 老鹰	62 牛儿	63 流沙	64 牛屎	65 尿壶
66 溜溜球	67 油漆	68 喇叭	69 螃蟹	70 冰激凌
71 机翼	72 企鹅	73 花旗参	74 骑士	75 西服
76 汽油	77 机器人	78 青蛙	79 气球	80 巴黎铁塔
81 白蚁	82 靶儿	83 芭蕉扇	84 巴士	85 宝物
86 八路军	87 白旗	88 爸爸	89 芭蕉	90 酒瓯

续表

91 球衣	92 球儿	93 旧伞	94 教师	95 酒壶
96 酒炉	97 旧旗	98 球拍	99 玫瑰花	00 望远镜

数字编码表里的物品大部分都是通过谐音转化来的，比如 14 钥匙、15 鹦鹉等。另外一些则是通过逻辑关联转化的，比如 05 是手套，因为手套有五根手指；38 是妇女，因为三八妇女节；24 是闹钟，因为一天有 24 小时。因此这套数字编码记起来是比较容易的。当然，如果你觉得里面这些物品你不太喜欢，你完全可以替换掉，所谓谐音、逻辑这些只是为了让你容易记忆一些，只要你愿意，你可以把这些数字死定成一些物品。比如：我的 92 是《秦时明月》动漫里的角色卫庄，80 是迪迦奥特曼。这些就是死定的，没有什么理由。这样做的好处是这套编码系统里面有很多自己喜欢的事物，编故事的时候会更有感觉，更容易记住；缺点则是前期记忆编码的过程会比较费时费力。我个人是觉得磨刀不误砍柴工，这套编码在日后会陪伴我很久，所以我愿意花时间去打磨这套编码。如果大家想比较快地上手，那么使用上面这套通用编码也足矣。

强烈建议大家掌握一套这样的数字编码，这对大家以后的学习会很有帮助。物理、化学、历史、地理等学科都有很多数据需要记忆，使用数字编码去记比死记硬背效果会好很多。我们下一章会讲定桩记忆法，数字编码本身也可以作为数字记忆桩使用，对于需要按顺序记忆的材料，数字编码能起到很好的辅助作用。

二 字母编码

相信很多人在记单词的时候都会使用一些拆分联想的小技巧，比如：

hesitate（犹豫），可以拆分成 he（他）+sit（坐下）+ate（吃）——他在犹豫要不要坐下来吃东西。相信这种记单词的方法大家都不陌生。然而，很多时候，我们在一个单词里找完一些熟词后，剩下的部分只是一些零零散散的字母。这个时候，字母编码就能发挥作用了，比如：stare（凝视），可以拆分为 star（星星）+字母 e，在字母编码表中 e 是鹅，我们就可以串起来编成故事——一只鹅在凝视星星。

字母编码表：

A 苹果	B 笔	C 月亮	D 笛子	E 鹅
F 斧头	G 鸽子	H 椅子	I 蜡烛	J 钩子
K 步枪	L 高尔夫球棍	M 麦当劳	N 门	O 呼啦圈
P 皮鞋	Q 企鹅	R 小草	S 蛇	T 锤子
U 磁铁	V 漏斗	W 皇冠	X 剪刀	Y 晾衣竿
Z 闪电	—	—	—	—

掌握一套字母编码，我们就可以在使用故事联想法记单词时更加得心应手。我建议大家可以把经常出现的字母组合以及词根词缀也定成编码，慢慢积累下来。比如，ap 我就编码成阿婆（阿婆拼音缩写就是"ap"）；ele 我就编码成大象（ele 像大象的眼睛和鼻子）；ment 我就编码成吴彦祖（ment 谐音成"门徒"，吴彦祖出演过电影《门徒》）；tion 编码成孙悟空（tion 发音像"孙"）。这些都是很常见的词根词缀或字母组合，大家在记单词的时候可以有意识地留意并积累，久而久之，我们记单词就会越来越轻松。根据我个人的经验，英语单词属于越学越轻松的项目，因为你积累的词汇越多，你在新的单词中看到熟词的可能性就越大，记单词的效率自然也就越来越高了。

三 扑克编码

很多同学会对节目中选手记忆扑克牌这一绝活特别感兴趣，想要了解一下，那么我就在此顺道给大家揭秘一下扑克记忆的原理吧。

扑克记忆其实本质上就是在记数字，我们通过将扑克牌与数字挂钩，从而将每张牌都变成一个两位数进行记忆。具体操作如下：

一副扑克牌由 40 张"数字牌"、12 张"花色牌"和 2 张"大小王"组成。

40 张数字牌的编码规则很简单：

黑桃代表十位数的 1（黑桃有一个尖）；

红桃代表十位数的 2（红桃有两个瓣）；

梅花代表十位数的 3（梅花有三片叶）；

方块代表十位数的 4（方块有四个角）。

个位数则是直接使用牌面数字就行，需要注意的是，数字 10 直接视为 0 即可。

例如：黑桃 A 就是数字 11；红桃 3 就是数字 23；梅花 5 就是数字 35；方块 7 就是数字 47；而黑桃 10、红桃 10、梅花 10、方块 10 则是数字 10、20、30、40。

12 张花色牌的编码规则是：

J、Q、K 分别对应数字 5、6、7，黑桃、红桃、梅花、方块依旧和数字牌一样对应 1、2、3、4。和数字牌不同的是，这里的黑桃、红桃、梅花、方块对应个位数而不是十位数，J、Q、K 对应十位数。于是方块 J 是 54，红桃 Q 是 62，黑桃 K 是 71，以此类推。

大小王就直接从剩下的数字编码中选两个喜欢的代入即可。

通过以上方式，我们就能将扑克牌全部变成数字，再配合我们下一章将要教给大家的记忆宫殿，我们就能轻轻松松记住一整副扑克牌的顺序了。

四 知识体系高频词提前编码

大家在学习任何一门学科时都会面对许许多多的高频专有名词，比如，编程中的"字符串""指针"，法律中的"民事法律行为""自然人""法人"。对于这些频繁出现又晦涩的概念，我们也可以给它们编码一下，用一些物品替代。比如，法人就用法海代替，字符串就想象成一条镶嵌着各种符号的手串。这样如果有什么概念需要背诵并且包含这些词语时，就能比较轻松地记住了。

第三章 定桩记忆法

前面我们说过，记忆法就是通过想象和联想，将想要记忆的信息和脑中已经存在的事物相关联，从而达到快速记忆的目的，记忆法的本质就是以熟记新和建立联系。而定桩记忆法则最能突出地反映记忆法的这一特色。定桩记忆法就是将你脑中已经存在且知道顺序的事物作为"记忆桩"，与想要记忆的文本材料一起编成故事，从而帮助自己顺利记住文本材料的一种方法，就像是将一艘艘小船拴在码头上一样。这样我们在回忆时，首先是能够很轻松地回想起"记忆桩"，进而回想起记忆桩上的故事，然后就能顺利地想起原本的文本材料。定桩记忆法的种类非常多，比如身体定桩法、地点定桩法、图片定桩法、标题定桩法、数字定桩法、字母定桩法，但是它们的底层逻辑是一模一样的。所以在这里我打算先用身体定桩法和地点定桩法两个方法，带领大家理解和掌握定桩记忆法的精髓。希望大家能好好地练习和掌握定桩记忆法，特别是地点定桩法，也就是我们常说的记忆宫殿！前面在讲图像记忆法的章节时我已经说过，这里我想再次强调一下，地点定桩法（记忆宫殿）和故事联想法是记忆法的两大支柱，这两个方法中蕴含了几乎所有记忆方法的底层逻辑和原理。只要能深入理解和掌握这两种记忆方法，就相当于掌握了金庸武侠小说中的"小无相功"，其他的记忆方法都是一点就通的。

第一节　身体定桩法

使用身体定桩法首先需要我们在身上按顺序选取一组身体部位作为桩子来记忆信息，因此我们可以从上往下、从前往后地在自己的身体上找到十个有代表性的位置：

顺序	位置
1	头
2	眼睛
3	耳朵
4	鼻子
5	嘴巴
6	脖子
7	肩膀
8	手
9	膝盖
10	脚

给大家一分钟的时间按顺序记住这十个位置，接下来我们就用上述部位记忆以下例题：

中国古代十大名曲：

1.《高山流水》	2.《梅花三弄》
3.《夕阳箫鼓》	4.《阳春白雪》
5.《渔樵问答》	6.《汉宫秋月》
7.《平沙落雁》	8.《胡笳十八拍》
9.《十面埋伏》	10.《广陵散》

记忆方式：

头——《高山流水》：想象头顶有座**山**，山上有条**水流**径直流下来。

眼睛——《梅花三弄》：想象两只眼睛被两朵**梅花**遮住。

耳朵——《夕阳箫鼓》：想象两只耳朵都被**夕阳**灼伤，并且两只耳朵上都戴着耳环，一只是**箫**的造型，另一只是**鼓**的样式。

鼻子——《阳春白雪》：想象一下你用鼻子闻了一碗**阳春**面的香味，然后整个鼻子就变成**雪白**色。

嘴巴——《渔樵问答》：想象你的面前站着一位**渔夫**和一位**樵夫**，你用嘴巴和他们对话。

脖子——《汉宫秋月》：想象一下你的脖子上挂着一串项链，主体是一座**汉朝宫殿**的样子，旁边还有些**月亮**形状的镶满钻石的小装饰。

肩膀——《平沙落雁》：想象你的肩膀变成**平坦的沙地**，上面站着一只**大雁**。

手——《胡笳十八拍》：想象一下你打出一招降龙**十八掌**，一条带特效的龙从你掌心冲出，把对面的**胡人**全部击倒。

膝盖——《十面埋伏》：想象一下你用膝盖把**埋伏**你的人全部顶飞出去。

脚——《广陵散》：想象一下你用脚把**广阔**的**陵墓踢散**了。

现在，根据脑中的记忆，尝试把身体各部位的顺序连同身体部位对应的曲目一起默写出来：

顺序	部位	曲目
1		
2		
3		
4		
5		

续表

顺序	部位	曲目
6		
7		
8		
9		
10		

是不是感觉很简单、很顺畅？这就是身体定桩法，是定桩记忆法中最简单的一种，接下来要给大家讲解的是定桩记忆法中最重要同时也是效果最好的一套方法——地点定桩法。

第二节　地点定桩法

地点定桩法又被称为"记忆宫殿"。记忆宫殿的使用技巧便是在一个大的场景中选取一定数量的小场景作为地点，通过把想要记忆的信息转化成图像后与地点结合起来发生故事的方式来储存信息。大场景可以是我们日常生活的房间、卧室、客厅、公园、超市等，而小场景就是里面的沙发、椅子、桌子、空调、货架、花圃等位置（要注意！地点是场景中的某些物品及其所处的整块空间位置的集合体，而不是某个物品本身）。接下来，本节直接带领大家通过练习迈入记忆宫殿的大门。

首先，大家跟随我的脚步，使用下面这幅图片上面的 20 个地点，来记忆以下 20 个词语，记忆的方式就是在每个地点位置上面把两个词语与该地点结合起来编出一个故事：

蜈蚣	和尚	锄头	白蚁	牛屎
手枪	恶霸	牛儿	溜冰鞋	玫瑰花

第三章
定桩记忆法

| 八路 | 恶霸 | 三脚凳 | 石板 | 二胡 |
| 三丝 | 鳄鱼 | 仪器 | 手枪 | 气球 |

① 玻璃门：蜈蚣、和尚——想象一个和尚站在玻璃门口，这时大门打开，一条巨型蜈蚣把和尚拖进了房间吃掉，房间里面鲜血淋漓，满地狼藉。

② 垃圾桶：锄头、白蚁——想象你站在那个位置，用锄头把垃圾桶推倒，里面涌出了一堆白蚁，密密麻麻地在地上爬着。

③ 卫生间标识：牛屎、手枪——想象卫生间标识上粘着一大坨牛屎，牛屎里面包裹着一把手枪，你伸手去把手枪拿出来。着重想象一下那幅画面以及感受一下那恶心的触感。

④ 盆栽：恶霸、牛儿——想象一个恶霸把一头牛儿的脑袋砍了下来，用来当花盆养花。可以再加些逻辑进去——牛的脑袋里面有脑髓等营养物质，非常适合植物生长。

⑤ 微波炉：溜冰鞋、玫瑰花——想象你手里有一只溜冰鞋，溜冰鞋的鞋筒里插满玫瑰花，你把这插满玫瑰花的溜冰鞋放进微波炉里加热，透过玻璃你看到微波炉里亮起橘黄色的灯，玫瑰花在微波的作用下缓缓融化了。

⑥ 柜子：八路、恶霸——想象一下，八路军打开柜子，把藏在里面的恶霸揪了出来，直接一枪枪毙。此处也可以进行逻辑关联，想象这个恶霸就是前面把牛头当花盆的恶霸，八路军是替牛被偷的村民们主持公道的。

⑦ 地板：三脚凳、石板——想象一下这块空旷地带放着一把三脚凳，三脚凳上放着一块石板。

⑧ 楼梯扶手：二胡、三丝——有一把二胡被用三根丝线绑在了扶手的位置。你也可以代入一下自己，感受一下想解开这些丝线把二胡拿下来却怎么也解不开的那种焦急情绪，这样就会印象更为深刻。

⑨ 楼梯台阶：鳄鱼、仪器——想象一下有一条和楼梯一样长的史前巨鳄趴在楼梯上，一群科研人员拿着各种各样的仪器蹲在台阶上围着这条鳄鱼研究。

⑩ 二楼：手枪、气球——想象一下二楼飘着一排五颜六色的气球，你站在下面拿着手枪一个个打爆。可以调动听觉感官感受一下气球爆破的声音，这样子能让印象更加深刻。

现在，请你闭上眼睛，在脑中回忆一下刚刚那个房间的布局，先回忆一下我们选取了哪些位置编故事，再想想每个位置上发生的是什么故事，将所有词语默写在下面横线上：

_____

_____

_____

现在，让我们加大一下难度，把这些词语倒着默写一遍：

_____

_____

_____

_____

_____

现在，请回答下列问题：

（1）"鳄鱼"的前一个词语是什么？_____

（2）"蜈蚣"后面的第四个词是什么？_____

（3）微波炉里面有什么？_____

（4）"石板"往前数三个是什么？_____

（5）这20个词里面有哪些是重复出现的？_____

（6）"锄头"出现在哪个位置？_____

如何？是不是仿佛推开了新世界的大门？是不是第一次感受到原来还可以这样舒畅地回忆知识点？你甚至还能倒背如流或随机抽背，不用再像以前那样每次回答问题都从头到尾捋一遍才能找到对应的知识点。

刚刚的故事是我编给你们的，接下来，我会再提供两组记忆宫殿图片和两组词语让你们自己去记忆。希望大家都能亲自上手练习一下，这样接下来在深入了解记忆宫殿的一些注意事项和技巧时，大家才更能理解其中的精髓。

练习一

| 棒球 | 郁金香 | 螃蟹 | 太极图 | 水晶 |
| 天王星 | 皮带 | 土狗 | 海鸥 | 松树 |

> 记忆高手
> 如何让考试和学习变得轻而易举

西班牙	文蛤	冰箱	巧克力	木马
星星	蜘蛛	爱因斯坦	水果冰糕	竹子

_____

_____

_____

_____

_____

✍ 练习二

篮球	孔雀	荷花	凉粉	屏风
轮子	水手	河蟹	音乐盒	卫生纸
燕子	长号	螳螂	硫酸	泼水节
城堡	鲫鱼	电吉他	龙须菜	鲛

第三章
定桩记忆法

通过以上的练习，大家已经顺利地迈入了记忆宫殿的大门。记忆宫殿在记忆信息点以及提取信息点方面都有着得天独厚的优势，这点已经无须多言，相信上面的练习已经让大家深有体会。我前面已经多次讲过，记忆法的本质就是以熟记新和建立联系，因此我们脑中可以用来以熟记新的"记忆桩"越多，我们记忆新知识点的能力也就越强，而地点就是最适合用来做"记忆桩"的。在此之前，可能大家都没意识到的一个点就是——我们人脑，最擅长记忆的事物既不是文字，也不是图像，而是

47

空间位置！当我们去到一个新的环境，只要我们稍微留意房间的布局，就能够完完全全记住房间里的布局和摆设，这点大家在上面的三组练习里面应该很直观地感受到了。我只让你们利用图片去记词语的顺序，根本没让你们先去记房间里物品的顺序，就好像默认你们已经记住了房间里的布局陈列。而事实上也确实是这样，你们根本没有主动去记忆房间里的物品顺序，却在编故事的过程中很自然地记住了房间里的物品陈设，这便是我们大脑天生就具备的真真正正的"过目不忘"的能力！如果真的有天赋一说，这就是我们每个人都具备的"天赋"！因此，只要我们能利用这一天赋，提前在大脑中储备足够的地点，那么理论上我们所能记忆的知识点就是无穷无尽的。

然而，找地点也是有很多注意事项和技巧的，绝不是说盲目地在房间里寻找一堆桌椅板凳就可以。虽然地点法很强大，但是如果地点的选择不合适，或者脑中地点数目多到一定程度后不懂得管理，依然会有记不住、忘得快、混乱、使用困难等各种问题。接下来我将教会大家如何寻找好的地点，带领大家一起建造和管理属于自己的记忆宫殿！

第三节　打造记忆宫殿

前面让大家用来记忆词语的地点图片，属于低配版的记忆宫殿，只是为了让大家先感受一下什么是记忆宫殿。真正高质量的黄金记忆宫殿，应当是我们曾置身其中的立体场景。以咱们开篇的第一个案例为例：

第三章
定桩记忆法

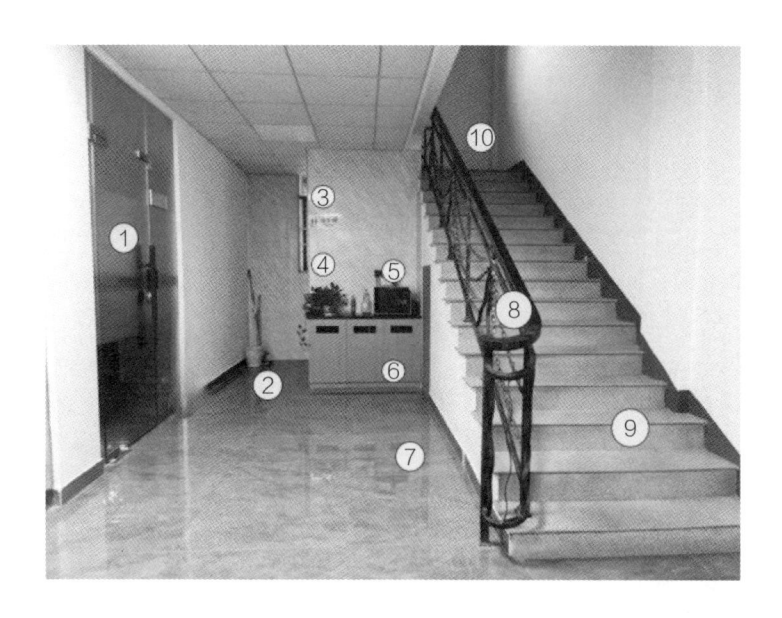

我在进行故事联想时并不是简单地把词语转化成图像后往这张平面的地点图片上放,我脑中的视角是下面这样的(图片内容与前面给大家编的故事并不完全一样,仅是为了让大家直观感受一下我脑海中画面的视角、物品的摆放以及空间方位感)。

① ②

记忆高手
如何让考试和学习变得轻而易举

③

④

⑤

⑥

第三章
定桩记忆法

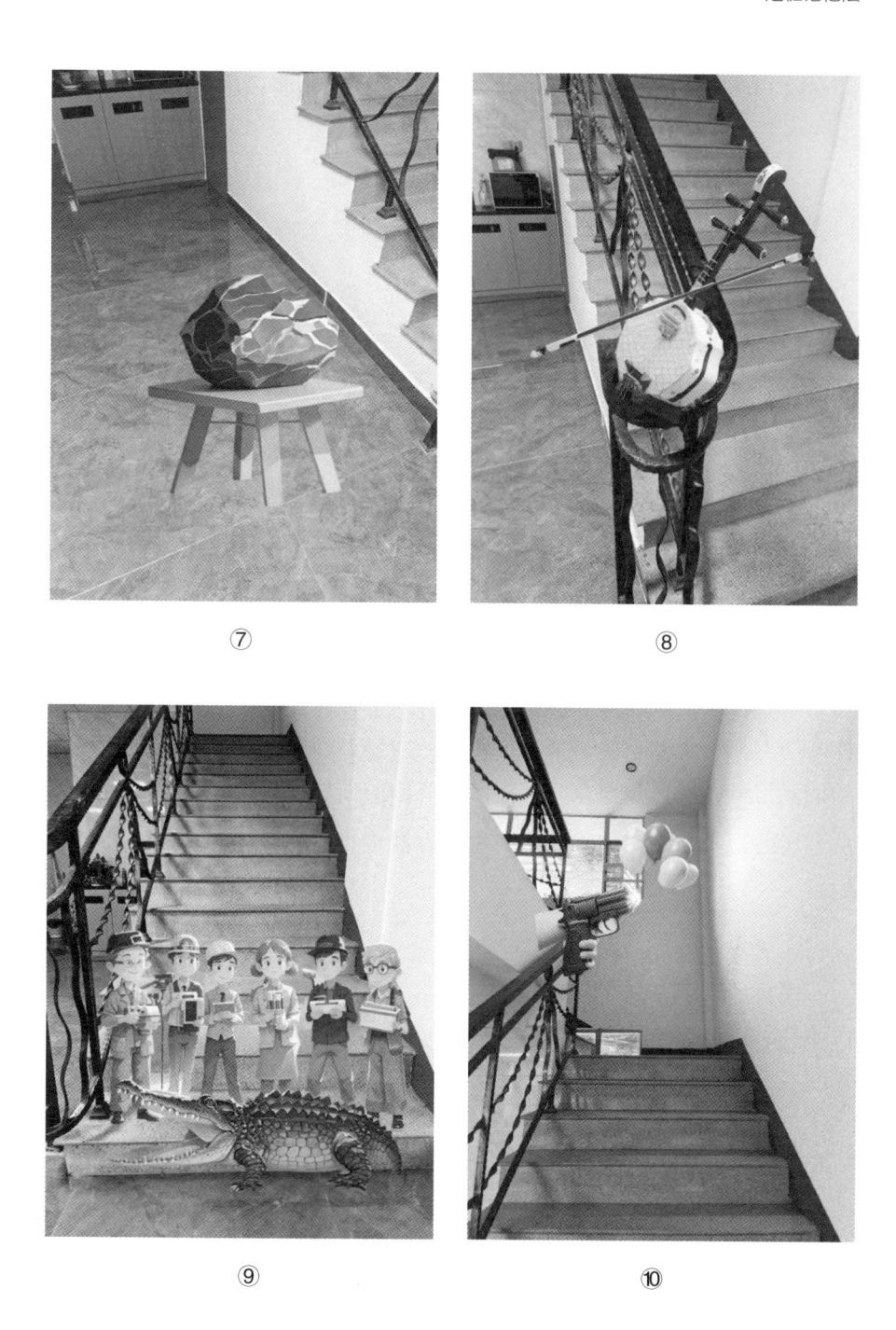

⑦

⑧

⑨

⑩

以上就是我在记忆这些词语时脑中的视角和画面摆放情况。接下来我就来为大家剖析里面的门道。

一 黄金地点的选取

1. 尽量选择熟悉的场景

找地点时尽量先在我们熟悉的环境中找，比如自己家里、经常去串门的亲戚朋友家、学校、超市、公园、商场、餐厅等地方。这样选地点一是可以节省熟悉地点的时间，二是在熟悉的地点中进行故事联想时，我们花在地点上的注意力可以少一些，能把更多的精力集中在编故事上，从而提高记忆的效率。尽量选择熟悉的场景还有一个很重要的原因是熟悉的场景中往往有我们过往的很多回忆以及情绪体验，在这种场景中记忆信息不仅能调动我们的图像感，还会有一种安逸和舒适感，这样会让大脑更容易接受输入的信息。在考试的时候，当我们沉浸在熟悉的记忆宫殿中回忆知识点时，熟悉场景中的安逸和舒适感会让我们暂时从考场的紧张中脱离出来，从而更加专注地答题，回忆知识点也会更加顺畅。

2. 确定路线

当我们确定好要选取地点的场所后，第一件事就是要观察所处环境，确定到时候要寻找地点的路线。很多人一上来不观察就直接开始收集地点，最后不仅路线混乱，还很难凑齐30个地点（后面会讲到，我们寻找地点尽量以30个为一组）。去到一个新场景，一定是先走一圈，观察场所里有哪些位置适合作为地点，大概找哪些来凑齐这一组30个地点，以及如何设计一条路线让这些心仪的地点都尽量坐落在路线上面。这些都要心里有数，然后再开始找。

路线的选取大方向上，要尽可能按照顺时针或逆时针方向走，这样子我们就不用再花心思和精力去记忆各个地点之间的顺序。像下面这幅图这样大体上沿着顺时针的方向去走，走到尽头就流畅拐弯即可。千万不要把路线弄得太复杂，否则记忆路线本身将成为一种负担。试想一下，第一个地点在玻璃门，下一个地点在楼梯，然后跳到微波炉，然后是垃圾桶，再然后又跳回盆栽，这样光是记住这些地点的顺序都已经让人头大了，更遑论用它们来记忆其他东西。

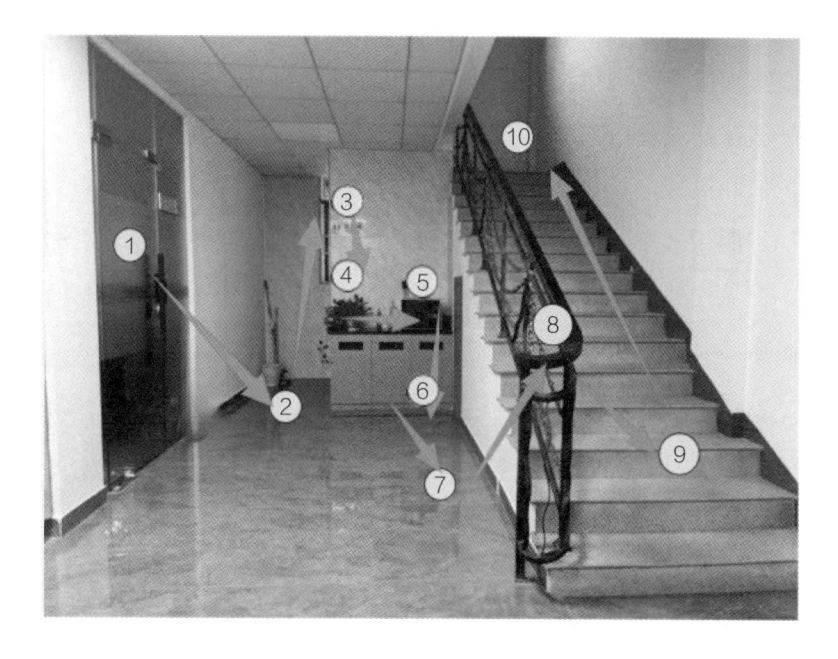

3. 地点之间距离适中、有上下波动

　　选取地点时，地点与地点之间的距离要适中，地点之间间隔太短、地点选取太密集的话，地点之间的画面就很容易串在一起干扰记忆；如果隔得太远，在地点之间移动时又会比较费时间。特别是在竞技类记忆中，地点的远近会影响记忆的整体节奏，进而对成绩产生较大影响。所以竞技记忆选手对地点的要求会更加严格，如果你只是为了应对考试，

那对地点的要求可以相对宽松一些。

然后就是选取地点时要有空间层次感，尽量避免在一条直线上连续寻找多个地点。因为我们使用记忆宫殿进行记忆，特别是快速记忆时，区分地点更多的是依靠空间方位而非地点上的物品特征，如果所有地点都出现在一条直线上，那么就会需要更多注意力去区分地点。但是也不要因此去追求另一个极端，一下在地上，一下在天花板上，这样也是不利于记忆的。可以参照我上面的例子，在中轴线附近小幅度地上下波动。

4. 尽量选取适合承载物体的位置作为地点桩

在上面的练习中可能有些同学们已经注意到了，如果地点是一个平面，那么我们编故事的时候只需要很自然地把图像放在这个平面上就能记住。但如果地点是一个垂直面或者是像皮球这种容易滚动的物品，那么我们把图像放上去的时候就会感觉有些别扭，有种不安稳、不牢靠的感觉。而且实践证明，这样的地点记忆的信息点也是最容易遗忘的。例如下面图一中的图像肯定比图二的更自然，更容易记牢。

图一　　　　　　　　　　图二

第三章
定桩记忆法

平面能放牢物品、垂直面、球体放不上物品，这种事情本身就是日常生活的经验，因此我们的大脑也会有这样的思维惯性在。不过有时候，为了能够找到一组过渡顺畅的地点，免不了还是得将就一下。但大家应在实践中注意，在设计路线的时候尽量选一条可以避免使用这种质量较低的地点的线路。

我们选取地点时，室内场景往往是比室外场景多很多的。而室内场景中出现最多的物品一般就是桌椅板凳，并且同一个房间里面的桌椅板凳通常也都是同一个款式。如果我们在一组地点里面选了一大堆长得一样的桌椅板凳作为地点去记忆，势必容易产生混乱，所以我们在设计路线时也要尽量避免这种重复。但是有时候路线并没有什么选择的余地，为了使地点与地点之间能够自然过渡，也是难免需要用上这些重复的物品的。那么此时，我们就可以用上一些技巧，尽量在相似的事物间制造不同之处。以我自己之前找的一组地点为例，这组地点一共30个，其中相同款式的椅子出现过4次，我是这样区分它们的：

（1）**选择不同视角看地点**。图三是从正面去看椅子，图四则是从背面去看椅子，这样二者就有区分度了。

图三　　　　　　　　　　　　图四

（2）**选择不同位置编故事**。比如图五中发生故事的位置是椅子上，那么图六中发生故事的位置就可以是椅子底下。

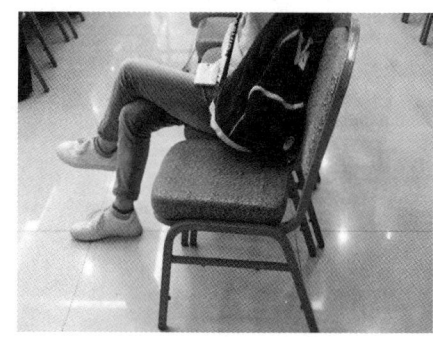

图五　　　　　　　　　　　　图六

（3）**对地点进行人为加工**。比如图五本来只有一把椅子，我专门再搬了一把叠加上去，人为地创造区分度。图六我故意等人坐上去再拍，也是这个道理。

尽管我们可以通过这样的方式来创造区分度，但是一组地点里面尽量不要有超过三个这种相似度过高的地点。不过有一种情况是例外，那就是墙角！

第三章
定桩记忆法

　　墙角是目前已知的最适合承载编码图像的地点：墙角位置的底面平坦，适合承载编码图像，双面靠墙并且呈夹击状，编码可以有所依靠。这种被三面包裹的空间给人一种牢靠的感觉，编码图像可以被稳定且牢固地放置在这一位置上。此外，墙角是一个空间内位置最突出、最鲜明，空间方位感最强烈的地方，相较于桌椅板凳这些物品，墙角的重复是最不会混淆的。这一点是经过无数记忆选手实践后的经验所谈，大家只要自己上手练习一段时间，就能体会其中的奥妙。所以当一组地点中出现比较多墙角的时候，大家也可以放心大胆地使用。

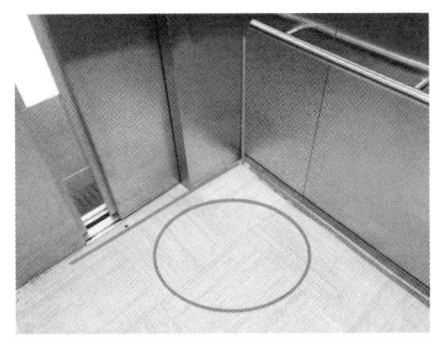

　　当一个场所中墙角比较少时，我们也可以选取一些与墙角类似的底面平坦、两面夹击的位置，这样也能起到牢固安置编码图像的效果。或者哪怕只有一个面可以靠着，效果也是比较好的。比如下图：

5. 地点尽量干净整洁，不要过于杂乱

我们找地点时尽量要找干净整洁、没有过多杂物的地方。地点上有个别特色鲜明的物品能够作为道具辅助编造故事，这样是没问题的。但是如果地点上杂物很多，那么记东西的时候大脑就会感到杂乱和抵触，并且脑子里这些多余的图像也会喧宾夺主，分散我们的注意力，从而导致记忆不牢固。

6. 管理记忆宫殿

记忆宫殿的奇妙之处在于其操作简单且具有深不见底的存储能力，理论上只要你的记忆宫殿规模足够庞大，地点足够多，那么你就能记忆无穷无尽的信息。因此，我们需要提前寻找成千上万的地点储存在脑子里，这样我们才能在需要用的时候信手拈来。尽管我们的大脑天生对于地点方位的记忆是很高效的，但是面对成千上万的地点，如果我们不懂得管理，也是很难发挥出记忆宫殿的优势的。

具体的管理方式如下：

（1）**分组**。为了比赛方便，我们通常都是以30个地点为一组进行区分，大家如果只是为了记学业上的知识点，则可以不用这样分组，但是要尽可能以10的整数倍为一组，比如20个一组、40个一组、50个一组都可以。但是我个人还是推荐以30个为一组，因为一组里面地点太少，记东西的时候就要频繁地切换组别,很费神;一组里面地点太多,不仅比较难凑齐想要的数量,而且记东西的时候很容易跳过地点。

在找地点时,如果在一个房间内找不到想要数量的地点,我们应该怎么办呢?

如果只差几个就能凑齐,我们可以观察一下刚刚的线路上面还有没有哪些物品也适合做地点,把它加进去;或者我们也可以自己创造一些地点,比如自己搬些桌椅板凳或者其他物品过来凑数;实在不行,也可以在脑海中虚构一些地点出来,比如在距离较远的两个地点中间再创造出些物品,如电脑、书包、圣诞树、假山等,甚至想象一些动漫角色站在那个位置,到时候直接让要记忆的信息与动漫人物互动都行。当然,这种自己创造的虚拟地点不宜太多。

如果是只找了一部分,还差比较多,就先看看此时是不是在门口附近,如果离门口比较近那就转入下一个房间继续找,如果是走进了死胡同,那就直接让思维穿越到别的房间,然后继续找——说白了就是把两个场景拼接起来。但是这种跳跃的场景,要多巩固衔接之处。

这里还有一个小提示,就是一组地点是 10 的整数倍,但是拍照的时候如果条件允许可以多拍三四个,这样以后记东西的时候发现个别地点实在不好用,就可以直接舍弃掉,用多出来的地点顺补。

(2)**拍照、录像**。尽管我们的大脑对地点位置的记忆能力很强,但是成千上万的地点以及路线存在脑子里面,多多少少是会遗忘的。特别是很多地点我们只是在当初寻找地点的时候亲临过一次,以后都不会再踏足了(比如我的很多地点都是当初在全国各地甚至国外比赛的时候找的,像住过的酒店、赛场、景区等)。随着时间的推移,我们总是会慢慢忘记那个场景中的一些地点或者路线,这种情况下,拍照录像就显得非常重要了。无论时间过去多久,当你打开相册看一下当初的照片、录像,

"死去"的记忆都能回到你的大脑。所以,同学们,千万不要嫌麻烦!做了这件事,以后地点就能一直为你所用,不然哪天地点忘记了、用不了了,前面找地点的时间精力也就白搭进去了。千万不要对自己过于自信,觉得刚找完地点,自己记得非常牢固,没必要拍照。也许一年两年你都能很清晰地记住这些场景,那再往后呢?万一哪天需要用上,你还要去重新找地点吗?前两年参加法考主观题考试的时候,我正好很忙,都没什么时间复习,考试内容中有一个板块叫法治思想,是需要记忆几千上万字的材料的,而我直到考前两天才有时间开始背诵。面对这种信息量庞大、晦涩且必须精确记忆的内容,当时我别无选择,只能使用记忆宫殿,而我使用的记忆宫殿就是7年前比赛时用的那些地点。尽管时间久远,很多不常用且只去过一次的场景都已经陌生了,但是打开相册看完照片和录像后,我马上就又能使用它们了。因此我才能顺利背下全部材料并且通过了主观题考试,拿到了法律职业资格证书。合抱之木,生于毫末;九层之台,起于垒土;千里之行,始于足下。希望大家都能养成积累的好习惯,每一个环节都认真对待,路才能越走越轻松。

拍照也有一些技巧。拍照的时候要尽量按照我们正常看地点时的视角去拍,有些时候我们不太方便按照这种理想的视角去拍,比如吊灯顶上、桌子或洗手台底部等。这种情况下就先将就拍下来,然后自己在脑中脑补一个舒服的视角即可。前面给大家提供的地点照片都是我当年比赛的时候拍下的,大家可以参考一下我的视角,不用和我完全一样,重要的是要符合自己的视觉习惯,要和自己脑海中浏览地点时的视角尽量保持一致。大家也不要太钻牛角尖,非要做到完美,这样就太浪费时间和心力了。

(3)归档。拍完照后,我们就可以创造一个新的相册,命好名,然后将那30个地点的照片按顺序排列好后连同路线的录像一起放进该相册内，就像下图这样。整理归档后，复习时就很方便了。如果手机内存不够，也可以上传到网盘。我的习惯是还会上传一份到电脑保存。

至此，打造一套高质量黄金地点的技巧就讲完了。

二 拓展地点

地点库的数量需要我们慢慢积累。平常去到新的场所，感觉方便收集出一组地点的，就动手拍一下，这样慢慢积累一段时间，就能拥有一套数量可观的记忆宫殿了。根据我个人的经验，当你拥有一两千个地点时，就可以应付日常生活和学习的绝大部分记忆问题了。

然而有些读者，特别是学生，可能平常的活动范围有限，没办法凑到太多现实地点场景，这个时候我们也可以使用虚拟地点。比如开篇让大家练习时给到大家的那些房间的图片，就是虚拟地点。虽然这些场景大家并没去过，但也是能够用来帮助记忆的。这样的图片大家上网搜索"室内装修图片"就能找到很多，或者大家也可以把自己喜欢的影视作品中出现的场景用来作为虚拟地点。对于这些虚拟地点，大家同样需要建立文件夹，把这些图片归档，最好是和我给你们的图片一样标上每个地点的序号，然后发挥想象力，把图片里的场景立体化（立体的场景肯定比一张扁平的图片记忆效果好），想象自己在图片中的场景里走了一圈，就像我们在现实场景里面行走一样，剩下的操作就和我们前面教的使用现实地点记忆信息一样了。

此外，喜欢玩游戏的同学，还可以在游戏里面寻找地点场景。现在有很多3A大作，视觉效果已经可以以假乱真了，这些游戏里的场景也是很适合用来作为地点的。大家可以在游戏里面，参照我们前面教的找地点的方法去寻找地点。同样，在游戏里找的地点也要归档整理——调节好游戏的视角，截图后放存放进对应的文件夹。

虚拟地点是对我们地点库的一种扩充，使用虚拟地点的记忆效率肯定不如现实地点好，所以有条件还是应尽量多收集现实地点。

第三章
定桩记忆法

4 第四章 答疑篇

很多刚接触记忆法的人在最初练习的过程中都会产生各种各样的疑虑，因此而导致内心不坚定，踟蹰不前。以下是初学者们最常遇到的一些问题，我在此整理出来并集中回答一下，希望阅读本书的读者们在遇到相同问题时能打消内心疑虑，坚定向前。

（1）使用这些记忆方法，经常会扭曲了原文的含义，学生没有真正理解知识点，这样是不利于学习的。

答：这是记忆法遭受质疑最多的一个点，很多人看到记忆法将文本材料加工扭曲，就想当然地认为这样会影响学生理解。其实并不会，因为人的大脑并不是单线程工作的，而是可以多线程运行的，就比如说大多数人都会说谎，但只要不是有精神方面的疾病，有谁真的会被自己的谎言给欺骗了？我们使用记忆法编故事只是方便记忆，又不是把故事的内容当真了，它完全不会影响你去理解文章本身的含义。换言之，记忆法可以让你连文章的含义都不用理解就能记住，不等于记忆法让你理解不了文章的含义。你对文章的正确理解和你加工编造的故事是可以并存在你脑子里的，这点只要亲身应用过记忆法的人都能感受到。很多抨击记忆法的人，其实就是混淆了这两个概念，想当然地认为二者是冲突的。

记忆是记忆、理解是理解，这两件事不能混为一谈。事实上，我和胡嘉桦老师在过往上课的过程中都一直在强调学生必须先好好理解原文的含义，再去记知识点。平心而论，现在的教育模式早已不是死记硬背就能脱颖而出的了，各种各样的考试都很注重考查理解吸收以及知识点的迁移和应用。就像我们的法考主观题，除了法治思想部分，其余的直接就是开卷考，有电子法条可以直接让人查，可事实上通过率依旧低得很。尽管我们是教记忆的，但是我们也认为，在学习上，理解才是第一位的。

我们的记忆法只是为了帮助那些有记忆困难的同学们，至于理解知识点这一块，还是需要大家自己花时间去完成的，没有任何一种好的学习方法能舍弃理解这一环节，请不要投机取巧。

（2）记忆法加工信息后经常会使得记忆量变大、记忆负担加重。

答：记忆法加工信息后使得记忆量变大这个是事实，无可否认，但我并不认为记忆量变大就代表记忆负担加重。我所理解的记忆负担重就是花在记忆上面的时间精力很多，记得很痛苦却又没什么效果，这种情况才能叫作记忆负担重。如果一篇文章，你能够不做任何信息加工直接印在大脑里面，这样自然是最简捷、最理想的状态，可事实是我们的大脑真的做不到这样！我们采用死记硬背的方式，就是会不停背不停忘，花费大量的时间却始终没办法记牢所有信息。在一定程度上讲，记忆法其实就是一种以空间换时间的战略打法——我们大脑的容量远超大家的想象，从来就没听说过谁是因为记太多东西把大脑塞满的！我们遇到的问题是记不住、记不牢、想不起，而不是大脑装不下！既然如此，我们通过信息加工和转化，把要记忆的内容转化成另一种形式，虽然要记的内容变多了，但是记忆时间变短了，记得更牢固了，回忆也更顺畅了，这样有什么不好的？

（3）我用记忆法记文章、记古诗、记单词感觉好像没比死记硬背快多少，甚至有时候感觉死记硬背还更快。

答：除了数字、扑克这些可以提前编码直接出图的信息外，大多数信息都是需要现场对信息进行加工和转化的，而这一步骤是需要花费一定时间的。特别是对记忆法的应用还没达到特别熟练时，在单次记忆时的速度感觉确实还不如死记硬背快，但是别忘了艾宾浩斯遗忘曲线，死记硬背背得快忘得更快，想维持住记忆所需要的复习频率也非常高。从总用时上来看，死记硬背所花的最终时间会远多于使用记忆法记忆的时间。就比如一首诗，你用记忆法加工转化后精确地记忆下来需要 5 分钟，并且几天内可能都不需要再复习或者只需要再复习一两遍巩固一下就行；而你死记硬背一遍 2 分钟记住的，隔一小时就忘了一些得补一下，再过几小时又忘又得补，隔一两天再忘再补。你自己算算看，这时间在不知不觉间多了多少。

还有更重要的一点是容量问题——死记硬背的量稍微比较大时，越往后背就会越抵触，一种力不从心感会油然而生。而使用记忆法，特别是地点定桩法，几乎能保持相同的节奏和速率一直记下去！死记硬背只是在百米冲刺，而记忆法却是可以以一种较快的速度匀速跑马拉松，孰强孰弱，一目了然。

（4）使用记忆宫殿记住信息后，这组记忆宫殿是不是就不能再使用了？

答：并不是这样的。首先，一组地点上面是可以容纳不止一组信息的，你用某一组地点记牢一首诗之后，再用它去记忆另一首诗，当你回忆的时候是能够区分开两次记忆过程中的不同图像的。比如，你家的沙发上今天坐着你爸妈，地上坐着你的兄弟姐妹；而昨天的沙发上坐着你同学，地上趴着你家的小猫小狗。当你回忆这两天的场景时，并不会把场景中对应的角色混淆。只是同一个记忆宫殿使用的时间间隔需要长一些，最好等到第一次记的信息比较牢固后再记新的内容，这样干扰就比较小。还有一点很重要的就是，我们使用记忆宫殿这一方法技巧，最终也会达到脱桩的效果——也就是不再需要回忆地点以及上面的图像也能把东西完整地背出来，这和故事联想法中的"脱钩"一样。说白了，我们对知识点的掌握只要足够熟练，最终都会成为肌肉记忆，不管你是死记硬背也好，还是使用了方法技巧也罢，最终我们需要达到的效果都是要能和条件反射一样脱口而出。只是我们使用了方法技巧，能够更快、更加舒畅地过渡到这一阶段。因此，当知识点足够熟练之后，我们只需要脑子里面想着地点的画面，就能够把知识点顺畅地回忆出来，地点此时只是起一种唤起语感和回忆的作用了，已经不再需要看到地点上面有知识点的画面才能想起知识点了（甚至都完全不需要再回忆地点了）。这种情况下你用地点去记新的知识更加不需要担心影响之前记的内容了。

第五章　思维导图

大学毕业后我开始从事培训行业，因为经常需要与不同的机构进行合作，其间就免不了要签各种各样的合同。相信对于绝大多数人来说，面对合同时总是会有战战兢兢的感觉，生怕一不小心就掉进别人挖好的陷阱里（事实上我也确实遇到好几次别人在合同里给我挖坑的情况）。为了防止被人坑，每次签合同前我都会自己研究相关法律规定，而这一习惯也让我成功避免了很多不必要的麻烦，因此我就决定要顺便把法律职业资格证书也拿下。

我是2022年年中决定要备战法考并顺利通过这一年的考试的。虽然是出于兴趣踏入这一领域，但当真的面对堆积如山的复习资料时，也不免会有畏难情绪，加上平日里工作生活中还有很多琐碎的事情需要处理，因此当时备考的时候也是压力重重的。我给自己预留的时间就只有几个月，如果没办法一次通过，我是不会考第二次的。我觉得做事一定不要给自己留下太多的余地，把战线拉太长，人就会很懈怠，最终往往就是不了了之。因此，如何高效复习是我当时最需要解决的一个问题。法考一共八大科目，共涉及几十部相关法律法规，还有众多的司法解释以及其他规定穿插其中，不同法律之间也会存在各种关联，有很多知识点相似却又有所不同，所以学习起来是非常容易混乱和混淆的！而我曾经掌握的一门工具，恰恰就在此时起到至关重要的作用——思维导图！我通过使用思维导图去梳理知识点，使得原本一团乱麻的知识点变得非常清晰，并且借助思维导图，我在不同科目的相关知识点之间也建立了联系，进行了区分。所以到了学习的后期，我对法律体系的熟悉程度以及各种知识点之间的关联性的理解丝毫不输给那些科班出身的人。甚至我一直在群里面给其他同学答疑解惑，以至于当他们得知我是非科班出身并且是自学学到这种程度的时候都感到非常吃惊。主观题答题的时候我更是从头到尾不需要翻阅法条，3小时的考试时间我只用了2小时20分钟就完成了，并且我有九成把握我是一定能通过考试的。而这一切，除了因为使用了记忆法使得知识记得牢固外，还有一个很重要的原因就是我使用了思维导图梳理和复习。

第一节　什么是思维导图

思维导图（Mind Map）是一种图像化、可视化的思维工具，用来帮助人们在整理思路时更清晰地表达和呈现信息。它是由世界记忆锦标赛的创始人托尼·博赞（Tony Buzan）先生在20世纪60年代提出的，旨在提供一种更符合大脑自然工作方式的笔记方法。这一思维工具如今已风靡全球，波音公司、甲骨文公司等世界知名企业都将其纳入员工培训项目，作为一种通用的办公工具，就连前世界首富比尔·盖茨先生也是思维导图的忠实粉丝。托尼·博赞先生曾经说过："如果把学习比作一场战争，那么记忆法就是士兵手中的武器，而思维导图则是将军手中的作战地图！"

传统的笔记往往是线性的、平铺直叙的，而思维导图则通过"放射"的方式将信息层层展开。它通过放射形结构来组织信息，中心主题位于图的中央，分支则围绕中心主题展开，每个分支可以不断分裂，形成一个多层次的知识网络。从中心主题开始，像树枝一样伸展出多个分支，这些分支可以是关键词、短句、符号甚至图画，能够直观地展示信息的特点以及信息之间的关联。这种方式不仅可以帮助我们更好地理解和记忆知识，还能激发创造性思维。

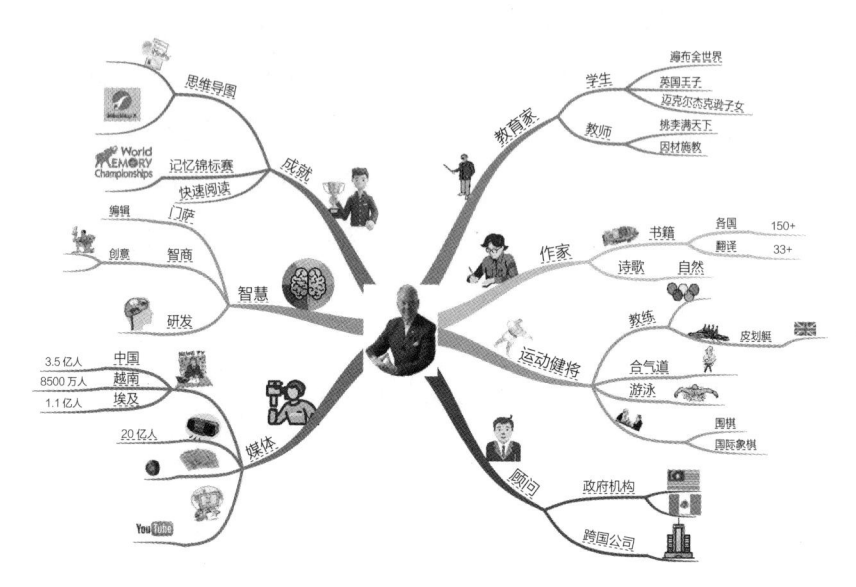

托尼·博赞介绍思维导图

思维导图的特点：

中心主题突出：每张思维导图的中央都会有一个核心主题，这个主题是整个思维导图的基础，所有的信息都会围绕这个主题展开。

层次分明：从中心向外扩展，逐级分层。能清晰显示出每一层次的信息与其他信息的关联性和从属关系。

自由联想：你可以根据自己的理解和联想，随意扩展分支，不拘泥于固定的思路。因此，思维导图不仅可以用来整理思路，还能启发思维，激发创意。

色彩与图像结合：思维导图不仅使用文字，还可以结合颜色和图像，使学习更加生动有趣，并促进记忆，这是思维导图有别于传统文字笔记的最大特点。思维导图让我们摆脱了传统笔记的枯燥，让我们能在学习中感受到不一样的乐趣。

第二节　如何绘制思维导图

现在电子设备已经十分普及，大学课堂也是允许学生使用电脑记笔记的，甚至有很多小学、初高中也已经允许在课堂上使用电子设备辅助学习了。因此如果条件允许的话，我建议大家使用专门的思维导图软件比如 iMindMap、Xmind 等进行绘制，一来是比较节省时间，二来是方便修改和调整。当然，如果不方便在课堂上使用电子设备或者喜欢自己动手做笔记也没问题，自己手绘印象也会更深刻！手绘思维导图首先要准备好合适的纸张和画笔，纸张选择长方形的，比如 A4 纸就行，画笔颜色应尽量丰富些，这样我们画起图来可以更加丰富多彩。

绘制思维导图并没有百分百固定的规则，只要底层逻辑没问题，能够根据你自己的思维方式来组织内容，把思维导图提炼和归纳信息、梳理逻辑脉络、区分层次、进行信息关联等功能发挥出来即可。尽管市面上很多教授思维导图的书籍都要求我们必须一板一眼严格按照某种规则来绘制，但我认为画图不是目的，辅助学习才是。所以我不觉得必须教条式地死板绘制，这样反而失去了它发散思维、启发创意的内核，只要基本的绘制逻辑没问题即可。以下步骤是通用的绘制步骤。

1. 确定中心主题

先在页面的正中央写下你要处理的主题，比如一篇文章的主旨、一门学科的内容或一个具体问题。这个主题将成为你思维导图的起点，也是所有分支的中心。

2. 确定主干

从中心向四周画出主要的分支，我们称之为一级分支，也可以叫主干，每一个分支代表与你的主题密切相关的一个关键点或概念。传统的思维导图的绘制顺序是从右上角也就是一点钟方向开始，然后沿顺时针方向进行绘制。

3. 细化分支

接下来，你可以围绕每个主要分支展开次级分支，进一步补充详细信息。这些次级分支可以是关于上一级分支关键词的解释、例子或者进一步的问题。通常情况下，我们的思维导图也就画到三级分支，尽管理论上，只要画纸够大，我们是可以三级分支、四级分支、五级分支这样无限拓展下去的。不过除非使用软件，不然我们是会受画纸大小限制的。而且如果分支无限延伸，不免会显得头重脚轻和不美观。因此，如果某

第五章
思维导图

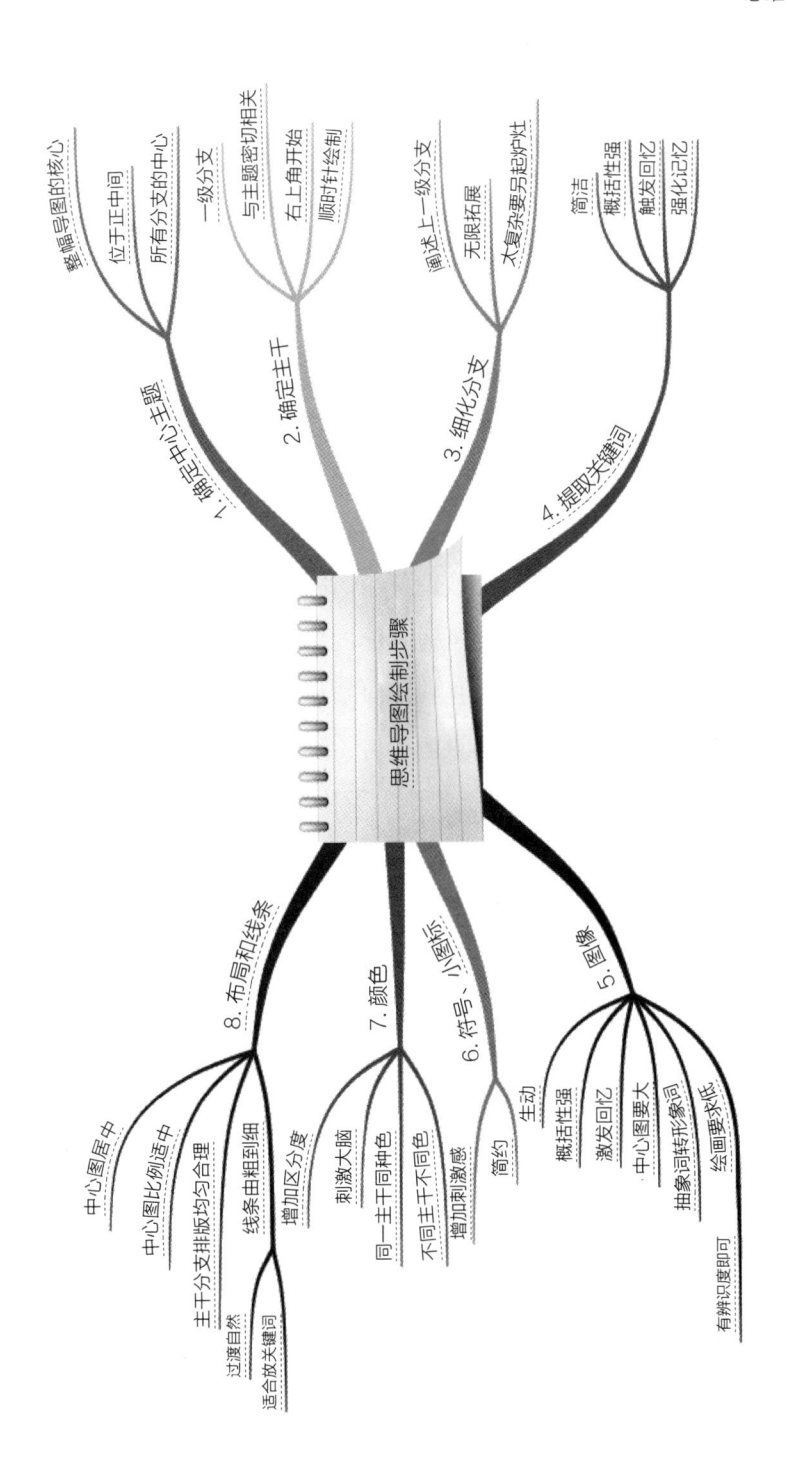

思维导图绘制步骤

1. 确定中心主题
   - 整幅导图的核心
   - 位于正中间
   - 所有分支的中心

2. 确定主干
   - 一级分支
   - 与主题密切相关
   - 右上角开始
   - 顺时针绘制

3. 细化分支
   - 阐述上一级分支
   - 无限拓展
   - 太复杂要另起炉灶

4. 提取关键词
   - 简洁
   - 概括性强
   - 触发回忆
   - 强化记忆

5. 图像
   - 概括性强
   - 激发回忆
   - 中心图要大
   - 抽象词转形象词
   - 绘画要求低
   - 有辨识度即可

6. 符号、小图标
   - 简约
   - 生动

7. 颜色
   - 刺激大脑
   - 同一主干同种色
   - 不同主干不同色
   - 增加刺激感

8. 布局和线条
   - 中心图居中
   - 中心图比例均匀合理
   - 主干分支排版均匀合理
   - 线条由粗到细
   - 增加区分度
   - 过渡自然
   - 适合放关键词

分支需要拓展太多级分支的话，我会把这一分支单独作为中心主题，再绘制一幅思维导图出来。

4. 提取关键词

思维导图的一个核心原则就是"简化"。每一个分支上最好只使用一个关键词或者简短的短语，不要写长篇大论。这样做有一个极大的好处，就是复习的时候能逼着你根据关键词去回忆完整信息，这样久而久之，知识点的回忆路径就会加深和变得清晰，你也就会记得更加牢固。我们在使用传统笔记复习时一直是从头看到尾完完整整地看，这样的复习只是盲目地浏览而已，这种复习模式一来费时，二来只能巩固原本就已经熟悉的内容，很难起到查漏补缺的作用。因为我们人脑复习时的倾向就是愿意去看已经熟悉的信息而抵触不熟的信息。所以，通过关键词触发的方式进行复习，能有效地加强我们对知识点的记忆。此外，提取关键词的时候也能锻炼我们归纳信息的能力，还能锻炼我们的取舍意识。一个善于学习和生活的人，是要懂得给生活和学习做减法的！

5. 图像

思维导图既然是图，当然就要加入各种各样的图像。比起文字，图像往往能更直观地传达信息，并且图像也比文字更能刺激我们的大脑，给我们留下更深的回忆。大家可能体会过，考试的时候，那些配有插图的知识点往往更能激起我们的回忆。如果你在绘制思维导图的时候多配上一些图像，相信在考试的时候这些图像是很能激起你对知识点的回忆的。

说到图像，思维导图最重要的自然是中心图。中心图就是给中心主题配的图像，是整幅思维导图的核心区域，中心图是最能勾起对这整个板块知识点的回忆的。在绘制的时候中心图一定要大，以一张横放的 A4 纸为例，将这张纸均分为九个长方形格子，中心图起码也得占据九宫格中心一格的位置。中心图要能反映出中心主题的内涵，是对中心主题的视觉化呈现。如果主题是一个不好产生图像的抽象词，我们也可以利用记忆法篇章中教授的抽象词转形象词的方法进行转化，比如：用一辆坦克来表示世界大战，这就是替换法。

除了中心图外，其他的主干分支我们也可以尽可能使用一些图像来增加导图的趣味性以及刺激我们的大脑，可以在关键词旁边配图，也可以直接用图像来替代关键词。

有些同学可能会觉得自己画画不好看，一听到画画就有畏难情绪。这个完全不用担心，思维导图的图像并不需要很好看，只要能反映出事物特征，能够让你自己辨认得出来即可。并不要求大家能达到美术生的水准！还是那句话，画图不是关键，帮助学习和记忆才是目的！

6. 符号、小图标

我们还可以使用一些日常生活中经常看到的符号和小图标，比如￥、#、@、& 等。这些符号也能更加快速、简洁地表达我们的意思，在千篇一律的文字中偶尔出现一些这样的符号，也会让我们的大脑产生强烈的刺激感，加深记忆的印象。

7. 颜色

为了让你的思维导图更加清晰，你可以使用不同的颜色来区分不同主干分支，这样能够让不同知识板块之间具有区分度，不仅让思维导图更容易阅读，还能加深记忆。但是，同一主干分支要使用同一种颜色，这样是为了直观地展示出同一主干分支中知识点的从属性。虽然色彩丰富有助于记忆，但是如果把导图涂得五颜六色，大脑就会觉得很混乱，反而适得其反。

在色彩的选取上我建议大家尽量使用暖色调，这样大脑会觉得更舒畅。

8. 布局和线条

绘制思维导图要有全局意识，平衡结构美观与信息的表达，是成功绘制思维导图的关键。因此，我们在绘制之前就要对主干分支的数目以及规模心里有数，提前规划好布局——中心图一定要居中且占有一定篇幅，主干分支要匀称地落在图中，不要某一区域挤得密密麻麻而其他区域又一片空白！

线条的绘制尽可能使用柔和的曲线，从中心图出发由粗到细丝滑过渡，这也代表了知识点的主次。线条凹槽部分用来放置关键词，也会给大脑一种很平稳舒适的感觉，使得大脑更容易接受知识点。切勿使用硬邦邦的线条或者那种粗细不均的线条，这会让大脑觉得很不舒适，甚至是抵触，这样是不利于记忆的。当然，大家也可以发挥一下艺术细胞，将思维导图的线条艺术化处理，比如下面这样：

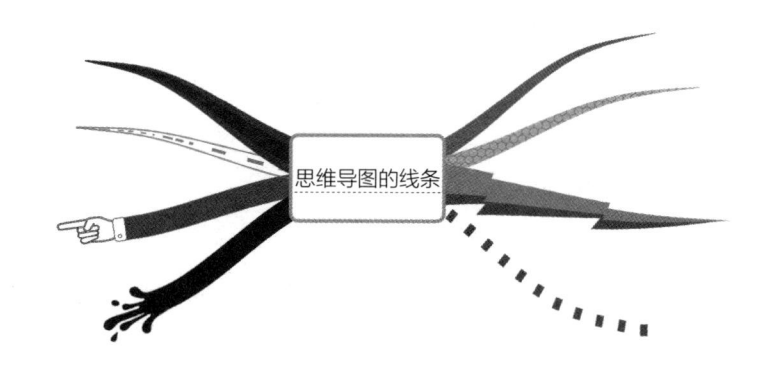

思维导图的视觉美感可以优化学习体验，但最重要的是清晰明了。因此，在时间充裕的情况下，大家要尽可能画得美观和图文并茂些；但如果时间不充裕，也就不用执着于图像、颜色这些比较次要的点了，能把主干分支画好，把关键词抓住，把逻辑脉络梳理清楚就足够了。

第三节　思维导图在学习中的应用

一　记笔记

当我们在课堂上听讲时，信息往往是线性和连续的，这样的信息持续输入大脑，不用多久就会让大脑感到枯燥、疲乏，进而就容易走神。传统的线性笔记（如逐条记录老师讲授的内容）不仅很容易遗漏细节或导致信息混乱，还会让学生只顾着记录而无暇理解吸收老师教授的内容！而使用思维导图记笔记可以有效地解决这些问题。一来，相较于传统线性笔记的机械记录，思维导图充分地调动了我们的主观能动性，我们在记笔记的过程中不仅需要提取关键信息，还需要对信息进行分类、排版、关联，这样一套操作下来，我们的大脑每时每刻都处在专注以及高效的运行之中，自然就不会走神，并且对知识点的理解和记忆都会更加深刻。二来，思维导图可以帮助我们以视觉化的方式，将复杂的信息拆解为层次清晰的知识点并直观地呈现在我们面前。我们常说"好记性不如烂笔头"，而我想说的是"好脑子也不如烂笔头"。很多时候，我们聪明的大脑确实能在各个局部问题上分析得头头是道，但是终究不如把信息都呈现在眼前之后看得清楚明白，就像你对周围的环境地形再熟悉，都不如一张卫星图看得直观和全面。思维导图就是这样一张知识地图，它把知识体系中的各种建筑、各个街道、各处山川湖泊都直观地展现在你面前，这样你就不容易遗漏细节以及混淆信息点。此外，相比于逐字逐句记笔记，思维导图使用关键词和符号，可以更快速地记录大量信息，节省时间，让学生有更多的精力专注于理解老师的讲授。

在绘制方面，由于咱们中国的课堂，内容都是很紧凑的，老师一般都是整堂课滔滔不绝地从头讲到尾，因此我们肯定是没办法按照"完美导图"那样的流程去绘制的。在课上，颜色、图像等部分可以暂时先省略，如果有同学很注重美观，那可以课后去补上颜色和图像，但是课堂上，你们最需要完成的任务就是迅速抓住知识的逻辑主线，并将相关信息归类，形成一个结构化的知识框架，即打造好主干分支。

以咱们高中生物课堂上学过的"细胞结构"为例，相信很多人当年在上这一课时都被细胞膜、细胞质、细胞核、细胞质基质、细胞器、内质网、线粒体、高尔基体、核糖体、溶酶体、中心体等一系列名词搞得晕头转向的，总是会记混这些名词之间的归属关系以及各自的功能。假设我们正在上关于"细胞结构"的生物课，随着老师的讲解，我们慢慢就能梳理出这一章节的逻辑层次：

1. 细胞结构分为：细胞核、细胞膜、细胞质、细胞壁（植物特有）。

2. 细胞核分为：核仁、核孔、染色质。

3. 细胞质包括：细胞质基质和细胞器。

4. 细胞器包括：核糖体、内质网、高尔基体、线粒体、溶酶体、中心体、叶绿体（植物特有）、液泡（植物特有）。

5. 细胞膜：主要围绕其成分、功能、特性讲解，重要考点为"流动镶嵌模型"。

随着这样一层层地去分类和剖析，我们也慢慢地完成了这个章节的思维导图框架。

通过这种方式，课堂上所有的重要信息都可以按结构清晰地呈现出来。大家可以在思维导图上一目了然地看出各个知识点归属哪一个板块，这样就不会混淆。比如考试的时候，有同学会把细胞膜或细胞壁当成细胞器的一种，而通过这幅思维导图，大家就能一目了然地看出细胞膜、细胞壁是与细胞器的上位概念细胞质平级的知识点，并且光是看细胞膜、

第五章
思维导图

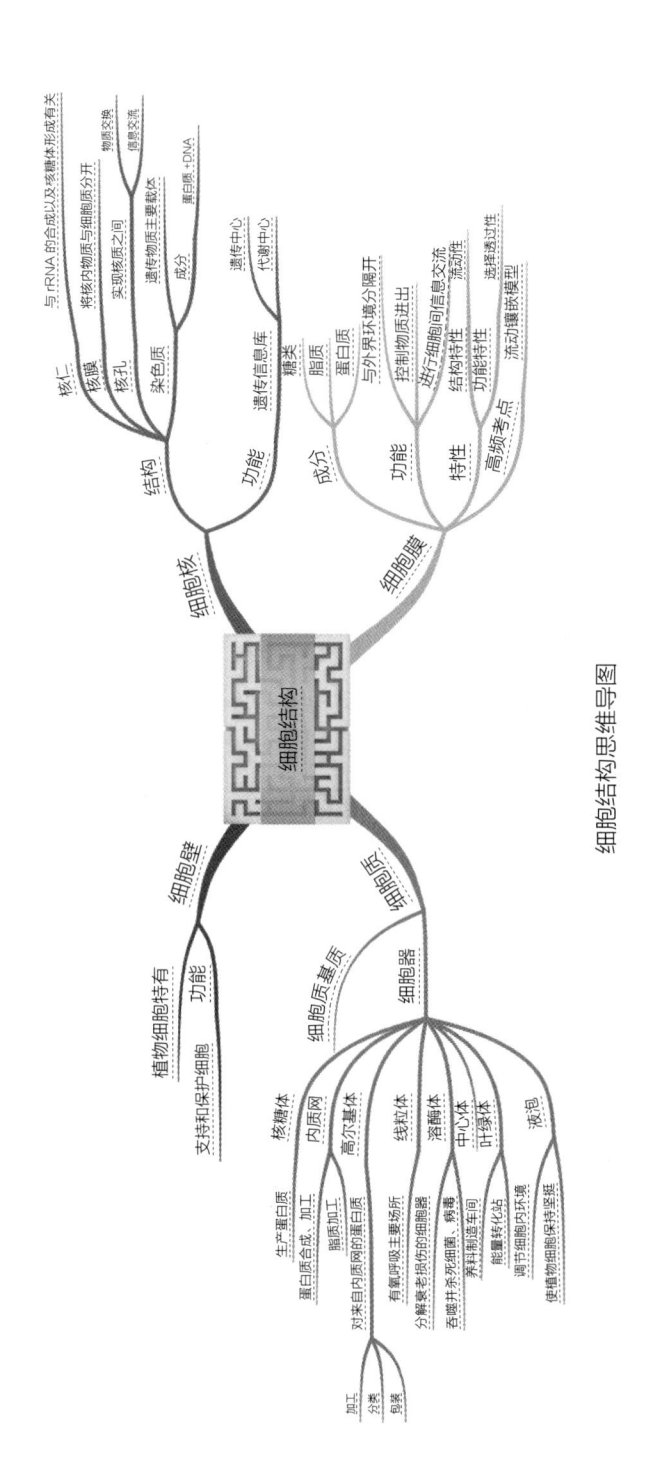

细胞结构思维导图

- 细胞结构
  - 细胞核
    - 结构
      - 核仁：与rRNA的合成以及核糖体形成有关
      - 核膜：将核内物质与细胞质分开
      - 核孔：实现核质之间物质交换
      - 染色质
        - 成分：遗传物质主要载体 蛋白质+DNA
    - 功能
      - 遗传信息库：遗传中心
      - 代谢中心
  - 细胞膜
    - 成分
      - 糖类
      - 脂质
      - 蛋白质
    - 功能
      - 与外界环境分隔开
      - 控制物质进出
      - 进行细胞间信息交流
    - 特性
      - 结构特性：流动性
      - 功能特性：选择透过性
    - 高频考点：流动镶嵌模型
  - 细胞壁
    - 植物细胞特有
    - 功能：支持和保护细胞
  - 细胞质
    - 细胞质基质
    - 细胞器
      - 核糖体：生产蛋白质 加工
      - 内质网：蛋白质合成、加工 脂质加工
      - 高尔基体：对来自内质网的蛋白质 加工 分类 包装
      - 线粒体：有氧呼吸主要场所 细胞内质网的蛋白质
      - 溶酶体：分解衰老损伤的细胞器 吞噬并杀死病毒、病菌
      - 中心体：纺锤体制造车间
      - 叶绿体：能量转化站
      - 液泡：调节细胞内环境 使植物细胞保持坚挺

细胞壁这两个名词与各细胞器名称之间的字体大小以及其所处分支粗细的对比，就能在视觉上直观将它们区别开来。只要自己画过一次导图，就绝不会在考试的时候出现这种混淆。

还有就是思维导图的灵活性使得我们在课后可以轻松补充或修改课堂笔记。如果在课上有遗漏的内容，我们可以直接在相关分支上进行扩展或添加，不会打乱整个笔记结构，这比线性笔记更加方便和高效。相信很多同学也曾苦恼过，在课堂上使用线性笔记记东西，一旦记漏了，或者说课后自己想再丰富一下笔记的内容、做些注解等，根本无从入手，而思维导图笔记则能很好地解决这个问题。

相信比起你们手上那一本本记得密密麻麻的笔记本，大家还是更愿意拿起这样的图画去复习的。不过还是那句话，课堂上要先抓住知识的逻辑主线，并将相关信息归类，形成一个结构化的知识框架，即先打造好主干分支，课后有时间了再去丰富和完善思维导图，这样也就是在以一种比较有乐趣的方式复习和巩固知识点了！

二 分析文章

请同学们阅读下面这篇文章，并将这篇文章的内容绘制成思维导图。

古埃及王国的统一[1]

古希腊著名的历史学家希罗多德曾说："埃及是尼罗河的礼物。"事实也证明，没有尼罗河，就没有古埃及的辉煌文明。

尼罗河全长6600千米，是世界第一长河，发源于非洲中部的高原，

---

[1] 节选自《世界上下五千年》，作者翟文明。

从南向北，流入地中海。它流经埃及的那一段只占全长的 1/6。

一般来说，河水泛滥不是件好事，但对于古埃及人来说，那却是尼罗河赐给他们的礼物。每年的 7 月，尼罗河的发源地就进入了雨季，暴雨使尼罗河的水位大涨。7 月中旬的时候，水势最大，洪水漫过河堤，淹没了尼罗河两岸的沙漠。11 月底，洪水渐渐退去，给两岸的土地留下厚厚的肥沃的黑色淤泥，聪明的古埃及人就在这层淤泥上种植庄稼。虽然埃及大部分土地都是沙漠，干旱少雨，但是由于古埃及人靠着尼罗河，根本不用为农业灌溉发愁，所以古埃及人称尼罗河为"母亲河"，尼罗河两岸也成了古代著名的粮仓。

古埃及人是由北非的土著人和来自西亚的塞姆人融合形成的。大约在距今 6000 年，古埃及从原始社会进入了奴隶社会，尼罗河两岸出现了 42 个奴隶制城邦（以一个城市为中心，连同周围的农村构成的小国）。古埃及人称之为"塞普"，古希腊人称之为"诺姆"，中国翻译成"州"。

这些奴隶制城邦经过长期的战争，逐渐形成两个王国。南部尼罗河上游的谷地一带的王国叫作上埃及王国，国徽是白色的百合花，保护神是鹰神，国王戴白色的王冠，由 22 个城邦组成。北部尼罗河下游三角洲一带的王国叫下埃及王国，国徽是蜜蜂，保护神是蛇神，国王戴红色的王冠，由 20 个城邦组成。

两个王国为了争霸、统一，经常发生战争。大约在公元前 3100 年，上埃及在国王美尼斯的统治下，逐渐强大起来。美尼斯亲率大军，征讨下埃及，下埃及迎战，两军在尼罗河三角洲展开激战。美尼斯率领军队与下埃及的军队厮杀了三天三夜，终于取得了胜利。下埃及国王和一群俘虏跪在美尼斯面前，双手捧着红色的王冠，毕恭毕敬地献给美尼斯，表示臣服。美尼斯接过王冠，戴在头上，上埃及的军队举起兵器，齐声呐喊，庆祝胜利。从此，埃及成为统一的国家。

为了纪念这次胜利，并加强对下埃及的控制，美尼斯就在决战胜利的地点修建了一座城市——白城，希腊人称之为孟菲斯，遗址在今埃及首都开罗附近。美尼斯还派奴隶在白城周围修建了一条堤坝以防止尼罗河泛滥时将城市淹没。埃及统一后，下埃及人从未停止过反抗，直到400年后，统一大业才真正完成。

美尼斯是古埃及第一位国王，他自称"两国的统治者""上下埃及之王"，有时候戴白冠，有时候戴红冠，有时候两冠合戴，象征着上下埃及的统一。在埃及史上，美尼斯统治的王国被称为"第一王朝"，是古埃及文明兴起的标志。现在，开罗的埃及博物馆里有一块《纳美尔（美尼斯的王衔名）记功石板》，用浮雕记录了美尼斯征服下埃及、建立统一王国的丰功伟绩，这是目前为止埃及发现的最古老的石刻历史记录。因为古埃及的国王被称为法老（原意为宫殿，相当于称呼中国皇帝的"陛下"），所以此后长达3000年的时间被称为法老时代。第三代国王阿哈首次采用王冠、王衔双重体制，就是王冠为红白双冠，王衔是树、蜂双标，分别代表上下埃及，并定都于孟菲斯。从公元前3100年美尼斯统一埃及到公元前332年埃及被亚历山大征服，法老时代的埃及一共经历了31个王朝。

古埃及人拥有辉煌的古代文明。他们创造了象形文字，在天文学、几何学、解剖学、建筑学、历法方面也有很高的成就，对西亚、希腊和欧洲有很大的影响，为人类文明作出了不可磨灭的巨大贡献。在美尼斯之后的2000年里，埃及无论从财富还是从文化角度，都是当时世界上最先进的国家。

以下是我对文章的层次拆分以及思维导图的排版思路：

第五章
思维导图

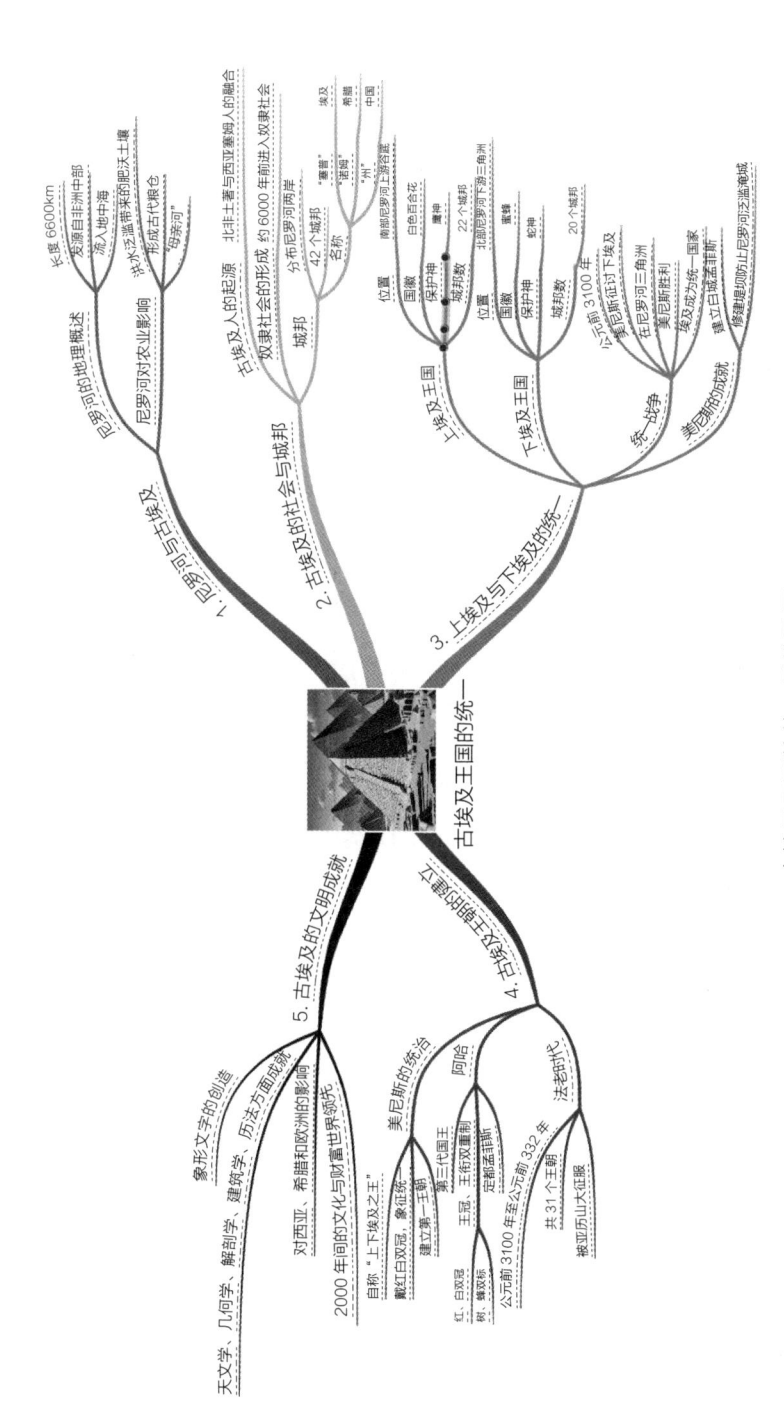

古埃及王国的统一——思维导图

1. 尼罗河与古埃及
- 尼罗河的地理概述
  - 长度 6600km
  - 发源自非洲中部
  - 流入地中海
- 尼罗河对农业影响
  - 洪水泛滥带来的肥沃土壤
  - 形成古代粮仓
  - "母亲河"

2. 古埃及的社会与城邦
- 古埃及人的起源
  - 北非土著与西塞姆人的融合
- 奴隶社会的形成
  - 约6000年前进入奴隶社会
- 城邦
  - 分布尼罗河两岸
  - 42个城邦
  - 名称
    - 塞谱
    - "诺姆"
    - "州"

3. 上埃及与下埃及的统一
- 上埃及王国
  - 位置（南部尼罗河上游谷地）
  - 国徽 白色百合花
  - 保护神 鹰神
  - 城邦数 22个城邦
- 下埃及王国
  - 位置 北部尼罗河下游三角洲
  - 国徽 蜜蜂
  - 保护神 蛇神
  - 城邦数 20个城邦
- 统一战争
  - 公元前3100年
  - 美尼斯征服下埃及
  - 埃及成为统一国家
  - 美尼斯胜利
- 美尼斯的成就
  - 建立白城孟菲斯
  - 修建堤坝防止尼罗河泛滥淹城

4. 古埃及王国的统一
- 美尼斯的统一
- 阿哈
  - 第三代国王
  - 王冠，王权双重制
  - 定都孟菲斯
- 公元前3100年至公元前332年
  - 共31个王朝
- 法老时代
  - 被亚历山大征服

5. 古埃及的文明成就
- 象形文字的创造
- 天文学、几何学、解剖学、建筑学、历法等方面成就
- 对西亚、希腊和欧洲文化与富世界领先
- 2000年间的"上下埃及之王"
  - 自称"上下埃及之王"
  - 戴红白双冠，象征统一
  - 第三代国王
  - 建立第一王朝
  - 红、白双冠
  - 鹰、蜂双标

这篇文章信息量较大，内容涉及古埃及的地理背景、社会结构、政治统一及文化成就等多个方面，文章大体可以分为五个层次：

第1段至第3段讲述的是尼罗河与古埃及文明的关系；第4段讲述的是古埃及的社会和城邦；第5段至第7段讲述的是上埃及王国与下埃及王国的统一；第8段讲述的是古埃及王朝的建立；第9段讲述的是古埃及的文明成就。

因此，我们绘制思维导图时就可以将这五个层次作为主干，然后去拓展相应的分支。

使用思维导图梳理文章的过程其实也就是我们理解文章和吸收知识的过程。要将这篇文章梳理为思维导图，我们就要先按内容的逻辑结构将文章拆分成几大部分，然后逐层细化各个分支。这一过程其实和我们在语文课堂上给文章划分段落层次以及归纳段意、层意的过程相似，而在绘制思维导图的过程中我们能将这一切思维活动进行视觉化呈现，会让一切内容更直观，让我们的思路更顺畅，会让我们对文章的结构、对内容的理解更清晰和深刻，对知识体系以及相关知识点的记忆更加牢固。

三 帮助深度学习和复习

课堂上有些概念可能非常复杂，但通过思维导图进行简化和分层处理，复杂的内容会变得更易于理解。相信你们的老师也都反复和你们强调过，再困难的大题也不过是由许多小的知识点堆积而成的，将复杂的概念分解成若干小的部分，通过思维导图逐步理解每一层次的信息，最后便能达到整体理解。

思维导图是一种极佳的复习工具。思维导图展示的是知识点之间的逻辑和层次关系，它能够帮助学生快速回顾整节课甚至整本书的内容，厘清知识框架，避免碎片化记忆。我们平时上课时就可以绘制这一堂课的思维导图，等整一个单元学完了就再花点时间绘制本单元的思维导图，到了期末整门学科的课程都学完后，再绘制整本书的思维导图。这样一来，你就拥有了这门学科全方位、多视角、无死角的体系导图。这些导图不仅可以用来应对单元考、期末考，甚至在中考、高考这些重大考试的考前复习中都能发挥巨大作用。

在考前复习时，大家可以通过查看思维导图的主干分支，一目了然地回忆起每个知识点的重点和细节，也可以通过自己重新默写的方式巩固与复习，而我个人是更倾向于后者的。因为我始终认为，强迫自己输出知识会比单纯地"看"更能查漏补缺以及强化大脑的思维回路——对于这些我们都学过的知识，如果你只是单纯地再看一遍，大脑面对这些熟悉的知识就会产生你已经掌握了的错觉，但其实这些知识在你脑中的印象未必牢固。我觉得只有你自己能完完整整地将知识表述出来甚至教会别人，才代表你真正掌握这块知识了。这也是大名鼎鼎的诺贝尔物理学奖得主理查德·费曼总结出的费曼学习法的核心理念。

在复习时，我们根据自己脑中的回忆，将中心、主干、分支一级级地还原（这种情况下简单绘制草图即可，无须再画图和上色了），等全部绘制完毕，再拿去和原本的思维导图做比较，看看有哪个地方想不起来了，哪些写错了、哪些遗漏了，这些便是你需要重点复习和强化的地方。经过这样的一轮复习，相信在考试中你一定不会在同一个地方再跌倒一次，一定能比其他人更加游刃有余地应对考试！

四 思维导图与记忆法结合

思维导图除了可以用于梳理知识体系、帮助理解，还可以和记忆法相结合，帮助记忆。

前面教授记忆法时大家可以感受到，记忆法其实并不是一股脑把所有文字都记住，而是先记住一些关键词，再根据逻辑脉络等由点及面地复原全部内容，这和思维导图有异曲同工之妙。思维导图也是通过提炼关键信息点，定住知识的主干框架，再往里面添砖加瓦，慢慢构建知识大厦。因此，记忆法与思维导图在学习上可谓是绝配！很多记忆选手都喜欢先用思维导图梳理出知识的框架体系，而这一过程中产生的主干分支上的那些关键词也正是我们需要记忆的关键信息点。

具体操作：先观察你的思维导图，确定一下有多少主干分支，大体需要多少地点，心里有个数，再着手准备出一套地点用来记忆。你可以把所有主干分支上的关键词都放进记忆宫殿里面，也可以只记住前几级分支的关键词，后面太细碎的内容通过故事联想法等单独记忆。我认为使用记忆法记思维导图上的内容更多是为了记住知识体系的框架，因此我习惯只记主干（一级分支）与二级分支上的内容作为提示信息。至于三级分支往后的知识点，有些是通过理解记住的，有些我会单独使用故事联想法去记。毕竟三级分支以后的内容通常会很细、很多，如果全部放进记忆宫殿里，如何分组将会是个难题。这就像是用记忆宫殿把书的目录先背下来，再按目录里每章的标题去回忆全文，至于每篇文章则又是单独用了其他的记忆方法记住的。

以这幅咱们前面使用过的记忆宫殿以及前面绘制过的主干分支为例：

第五章
思维导图

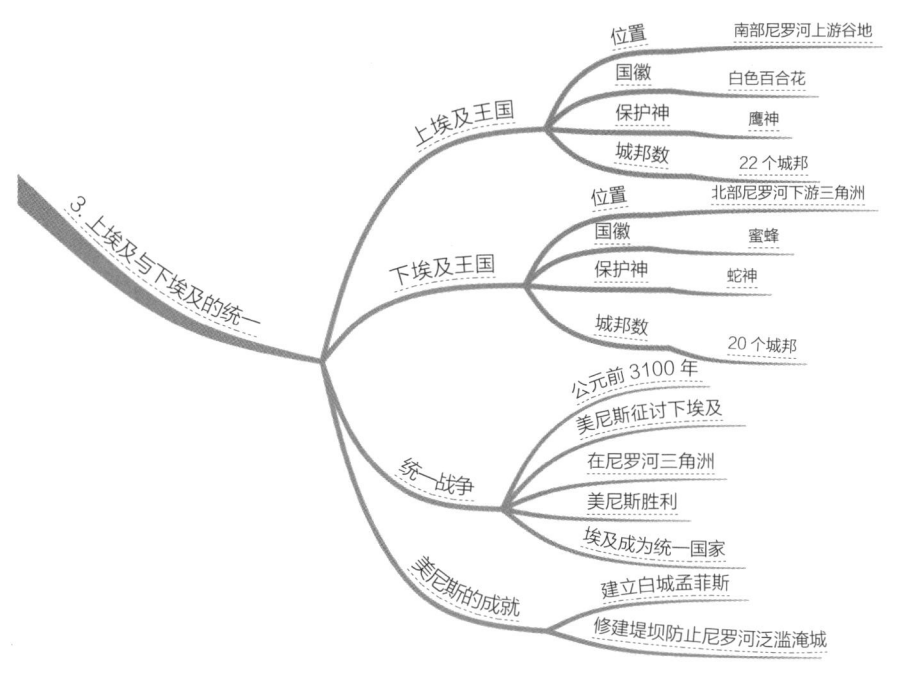

```
                        ┌── 位置 ──── 南部尼罗河上游谷地
                        │
                        ├── 国徽 ──── 白色百合花
              上埃及王国 ┤
                        ├── 保护神 ── 鹰神
                        │
                        └── 城邦数 ── 22个城邦

                        ┌── 位置 ──── 北部尼罗河下游三角洲
                        │
                        ├── 国徽 ──── 蜜蜂
3.上埃及与下埃及的统一 ─ 下埃及王国 ┤
                        ├── 保护神 ── 蛇神
                        │
                        └── 城邦数 ── 20个城邦

                        ┌── 公元前3100年
                        ├── 美尼斯征讨下埃及
              统一战争 ─┤── 在尼罗河三角洲
                        ├── 美尼斯胜利
                        └── 埃及成为统一国家

              美尼斯的成就 ┌── 建立白城孟菲斯
                          └── 修建堤坝防止尼罗河泛滥淹城
```

首先用记忆宫殿记住主干与二级分支的内容："上埃及与下埃及的统一""上埃及王国""下埃及王国""统一战争""美尼斯的成就"这五个

关键词。

①壁画——上埃及与下埃及的统一：想象一下壁画上面与下面分别画了两位法老，两位法老手里各拿着一瓶统一冰红茶。（用法老替代埃及，上下空间方位代表上、下）

②桌子——上埃及王国：桌子前坐着一位善良美丽的女法老。（"上"谐音成"善良"）

③床帘——下埃及王国：床帘里躲着一位下流的男法老，欲行不轨之事。（"下"转化成"下流"）

④床——统一战争：床上放着统一与康师傅两款泡面。（这两家整天商战）

⑤梳妆台——美尼斯的成就：梳妆台前坐着美国巨星尼古拉斯凯奇，桌面上贴满了他的电影剧照，象征着他的成就。（美尼斯转化成尼古拉斯凯奇）

这样就先把主干与二级分支的内容记住了，而第三、第四级分支我们使用故事联想法记住即可，比如上埃及王国后面的分支内容（位置：尼罗河上游谷地。国徽：白色百合花。保护神：鹰神。城邦数：22 个。），我们可以想象这样一幅画面：一位鹰头人身的神明手捧白色百合花降落在尼罗河上游一片铺满金黄色稻谷的地上，将手里的百合花赠予了善良的女法老怀里抱着的一对乖巧的双胞胎（22 数字编码为双胞胎）。这样一幅简洁的画面，就能让我们将三级、四级分支的内容全记住了。复习时，我们先回忆记忆宫殿，当看到桌子前坐着的善良美丽的女法老就会想到上埃及王国，进而触发她在另一个故事中怀抱双胞胎的画面。于是，后面白色百合花、鹰神这些意象也就都被牵出来了。重复这一记忆模式，整幅导图的相关知识点、考点你就都能刻在脑子里了！考前复习时再根据脑中记忆的这些图像重新绘制思维导图查漏补缺，这样一来你对知识点的掌握一定会比其他人更深刻的。

实战篇

第六章 选择题的速记秘诀

第一节 选择题不为人知的秘密

说到选择题，相信大家都非常熟悉，我们从小到大做过的选择题往少了说都不止一万道了。那在做了这么多题目之后，大家有没有仔细地总结过，选择题都有些什么样的特点呢？

作为一本教大家怎么记忆的书籍，接下来主要围绕靠记忆就能解决的这部分题目，带着大家分析一下，看看这些选择题都有些什么大家都知道，却没认真思考过的特点。

选择题，顾名思义只要能选出来就行了，只要能从错误答案中选出正确的，或者从正确答案中选出错误的就能得到分数，它对做题者知识掌握扎实程度的要求相对来说并没有那么高。换句话说，我们不需要熟读成诵，有时候甚至不需要理解知识的内涵，只要留有一个依稀的印象，只要能做排除法就可以把选择题做好。

因此在准备选择题考试的时候，我们要先明确一个非常重要的先决条件：我们需要把知识点掌握到什么样的程度？有些类型的考试可能只是我们工作过程中需要应付的普通考核，我们不想在上面投入太多的时间和精力去了解考题背后的知识；有些类型的考试考核的知识背后并没有很深刻的内涵，比如驾照考试只需要记住每个标志代表什么意思就好，不需要知道为什么。对于这一类型的知识，我们就能更功利性地为了通过考试而去准备，也就能更发散思维地去使用联想记忆法。

对于成体系的知识考核，比如高考历史的选择题，我们就不能抛开知识体系地去记忆，而需要将题目考核的内容与知识体系相结合，把记忆建立在联想的基础上。

接下来的篇章，将带着大家一起来学习，不同类型的选择题，到底都有些什么样的办法来记忆。

第二节　记忆选择题的十八般武艺

一　关键词速配：看不懂题也能做对的秘诀

1. 关键词速配第一式：汉字速配法

在学习基于知识架构的选择题记忆方法之前，我们先来一起学习最简单、最轻松的记忆方法吧！

在所有选择题考试中，最简单的一种就是我们在复习的时候可以直接取得真题题库，通过刷原题来进行学习和复习的考试。倘若以这样的形式复习，我们就可以使用一个非常取巧的应对方式：直接记答案！当然，这样的复习方式仅限于我们确认自己只是为了通过考试而不考虑知识学习的情况下使用。

那到底应该如何记答案才能更加轻松呢？下面我们先来举一个非常简单明了的例子：

履行安全监督职责，在完成（　　）调控指令，方式调整、事故处理等值班业务环节中实施上下纠错、相互监督，共保安全。

A. 审核

B. 制订

C. 执行

D. 下发

这道题是电力系统中的一道职工考题，该考试是可以通过刷考试原题的方式来进行复习的，其中正确答案是 ABC。

想要用最省力、最轻松的办法记住这一类型的题目，我们需要做的就是在题干中找到合适的关键词。这些关键词可以跟答案选项建立紧密的联系，从而实现一看题干，就瞬间选出答案。在这道题中，唯独没有选择的是 D 选项，而在题干中我们不难发现有"上下纠错"的字眼，而其中的"上下"和 D 选项中的"下"字，具有明显的对应关系。因此只要我们在做题时，看到题干中有"上下纠错"的字样，并且在选项中看到"下发"，就可以果断排除该选项，选择其余的选项。

利用字眼相互匹配，我们几乎毫不费力就能轻松牢记这道题的正确答案。可以说是应对此类考试最为快捷的方法。其中我们要注意一个重要的细节：我们是通过题干和选项对照来选择答案的，而不需要通过答案倒推出题干。以此为记忆依据，我们就能最大幅度地降低记忆难度。

我们再来看一道例题：

安全生产中的"三铁"是指什么？

A. 铁的制度

B. 铁的面孔

C. 铁的纪律

D. 铁的处理

这道题的答案是 ABD。在阅读题目后我们不难知道，题干让我们选择的"三铁"，就是要我们在四个选项中，选择三个包含"铁的××"的答案。因此和上一题一样，我们只要能排除错误选项就好了。由于四个选项的前缀都是"铁的"，所以真正有意义的信息是每个选项的后两个字。只要我们找到"三铁"和"纪律"的联系，就能轻松记住这道题。那这两个词语到底要如何联系起来呢？在公布答案之前，大家不妨思考看看。

其实联系方式非常简单，我们不难看到"三铁"的"三"和"纪"的"纟"形状非常相似，因此只要把"三铁"和"铁的纪律"中的"纟"对应起来，就能快速记住这道题了。

上述的两个例子是从最简单的汉字和偏旁部首出发，建立起了题干和选项之间的联系。但是仅仅凭借汉字之间的对应，并不足以解决所有这一类型的选择题。接下来，我们就一起来学习关键词速配的进阶技能吧！

2. 关键词速配第二式：内容速配法

和第一式完全忽视题干的具体内容不同，内容信息的速配需要建立在我们对题目信息有一定理解的基础上，找到题干和选项的关键词在内容上的联系。我们还是举一道电力系统的考题作为例子：

《并网调度协议》主要针对电厂并入电网调度运行的安全和技术问题，设定了（　　）。

A. 双方应当承担的基本义务

B. 必须满足的技术条件

C. 行为规范

D. 双方的权利

这道题的答案是 ABC。在阅读题干和选项之后，我们可以看到协议是针对技术问题设定的，而 B 选项同样包含"技术"的字眼，因此需要选择 B 选项。而题干中的"调度运行"显而易见是一种行为，符合 C 选项中的"行为"这一字眼，因此需要选择 C 选项。较为棘手的是 A 选项，我们不难看出 A 选项的关键词在于"义务"，但是题干中并没有直接体现义务的表述，因此需要我们发散思维，在题干原有的表述和"义务"间建立联系。在这道题的题干中，有一个明显的但还没有被用上的关键词——安全，所以我们要做的就是将"安全"和"义务"联系在一起。我们可以联想到：安全是工作的第一要务，双方都有义务保证输电的安全。这样，我们就很好地将两个词联系起来了。

当我们看到这道题时，率先锁定题干的三个关键词：调度运行、安全和技术，让它们一一与选项相对应，而 D 选项的"权利"则没有多余的关键词可以对应，自然就要被排除了。

3. 总结

以上的两种记忆技巧都是从题干和选项中寻找合适的关键词，并在不需要完全理解知识点的情况下，通过题干和选项的关键词之间的一一对应，来实现尽可能地降低记忆难度。在汉字匹配的过程中，我们可以利用字词语义的相同或对立（例如"上"和"下"）以及字词间形状的相似来记忆；在内容匹配的过程中，我们可以提取文段中的关键词与选项中的关键词做因果联想或同义匹配。

关键词速配的使用，其实并不仅局限于不需理解的题型，恰恰相反，在接下来我们将要学习的很多记忆方法中，都能见到关键词速配的身影。只不过为了满足我们更多的需求，它会在本篇的基础上，进行很多的改变。而且如何将题干和选项中的关键词更好、更契合地匹配起来，也是一门学问。就让我们一起学习下去吧！

二 串联法：题干和答案的连连看

在这一篇章里，我们依然延续上一篇章所讲述的关键词匹配法，来给大家介绍几种关键词匹配法的变式应用，它们可统称为串联法。串联法并不是一种与关键词匹配法并列的新方法，而是一种帮助大家建立起题干和选项关键词之间联系的特殊技巧。而串联法又能被细分为联想串联、理解串联和知识体系串联三类，就让我们依次来学习一下吧。

1. 联想串联法

当我们谈到"水"的时候，大家都能想到什么跟它相关的事物呢？大家可以花一分钟的时间想一想，并在一张白纸上尽可能多地写下你的答案。

这个看似简单的问题，其实有着数不清的答案，非常考验大家的发散思维能力。我们或许能想到"大海""火""下雨"等由"水"展开的一系列联想。但不管想到什么，我们发散思维的路径大概率都是下列几类：

（1）**包含关系**，主要分为三个方向：

①上位包含，即包含"水"的事物，例如：大自然、汉字。

②下位包含，即"水"中包含的事物，例如：可乐、鱼。

③属性包含，即"水"具有的特征，例如：无色无形。

（2）**同类关系**，即和"水"属于相同的类型，例如：

①五行：金、木、火、土。

②液体：水银。

③没用的：垃圾（水也有品质差的意思）。

（3）**对立关系**，即与水的意思相反的事物，例如：

①火。

②干枯。

③可靠的。

（4）**情景关系**，联想水所处的某些情景。

水是自然的一部分，我们可以很快由此联想到诸如大海、下雨一类的情景。

第六章
选择题的速记秘诀

（5）**因果关系**，即在水的作用下，其他事物发生的一系列变化：

①灌溉作用：树木发芽。

②淹没作用：生灵涂炭。

③清洁作用：干净的房间。

在上述例子中，当我们在对"水"进行发散联想时，利用了包含、同类、对立、情景和因果五条路径，而这也是我们日常在关联匹配题干和答案时会选择的路径。换句话说，我们可以通过建立包含、同类、对立、情景和因果等关系的方式，将不相干的两组信息联系在一起，这样当我们看到其中一组信息的时候，就能快速联想到另一组信息了。下面我们依次来举例子。

包含关系：

洋务派所创办的学堂在中国历史上持续时间最长的一所是（　　）。

A. 上海广方言馆

B. 福建船政学堂

C. 京师同文馆

D. 天津电报学堂

这道题的答案是B。接下来我们会用建立包含关系的办法记忆这道题。首先，我们在这道题中选取两个关键词：洋务派和船政学堂。其中"洋务派"的"洋"可以令我们联想到海洋，而"船政学堂"中的"船"毫无疑问是行驶在海上的，是被海洋包含的。这样，我们就非常轻松地建立起了题目和答案的联系。

同类关系：

大禹建立的朝代是（　　）。

A. 夏

B. 商

C. 周

D. 宋

这道题的答案是 A。这个知识点其实是一个大家都知道的常识，选择这道题给大家讲解并不是为了教大家记忆一个新知识，只不过是为了让大家更好地了解建立联系的方法。"禹"的谐音是"鱼"，而"夏"的谐音是"虾"，鱼和虾都属于海鲜的品类，自然而然也就是同类了。只要联想到这一层，我们就能轻松地建立二者之间的联系了。

对立关系：

溶酶体的主要功能是什么？

A. 参与细胞分裂

B. 储存遗传物质

C. 分解细胞内的废物和外来物质

D. 合成蛋白质

这道题的答案是 C。溶酶体释放出的水解酶是一种能消除其他物质的酶，而"消除"也意味着"死亡"。但当我们看到溶酶体的形象时，我们会发现它长得像一个圆圆的蛋。而"蛋"又意味着"生命"，是"死亡"的对立面。因此当我们在记忆溶酶体时，只要联想到它的功能和它的形象是相反的，就能很快记住了。

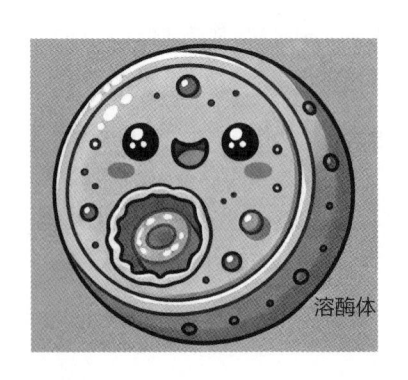

溶酶体

情景关系：

血液属于结缔组织吗？

A. 正确

B. 错误

这道题的答案是 A。当我们看到"结缔"时，可以联想到"结缔联盟"之类的场景，而有一个成语叫作"歃血为盟"。因此只要我们联想到"歃血为盟"的情景，就能很轻易地将"血液"和"结缔"联结起来了。

因果关系：

戚继光抗倭胜利的原因有：

A. 戚继光卓越的指挥才能

B. 戚继光的队伍英勇善战

C. 得到广大老百姓的支持

D. 与其他爱国军民团合作

这道题的答案是 ABCD。这四个选项其实是可以串成串，成为一系列相连的因果关系的。正是因为戚继光卓越的指挥才能，所以他的队伍英勇善战。正是因为他的队伍英勇善战，才能得到老百姓的支持。正是因为看到老百姓们都支持这支队伍，其他的爱国军民团才想和他们合作。这样的因果逻辑梳理未必符合史实，却有一定的逻辑合理性。通过这样的连环因果，我们就可以很快地将四个选项轻松地联系在一起，也就能完整地记下这道题的所有答案了。

理论上来说，只要我们善用上述的五种联想方式，就能很好地建立起信息之间的逻辑关系，对于想要记忆的知识点就能起到非常好的记忆效果了。接下来我们再来看一道例题。

柏林大学的第一任校长是（　　）。

A. 洪堡

B. 费希特

C. 康德

D. 第斯多惠

这道题的答案是 B。对于人名，尤其是外国人名的记忆，我们要灵活地应用我们的单词积累。它可以巧妙地帮助我们把拗口且无意义的音译名字，变成有一定意义的英语单词。例如，"格林"这个名字，以中文的视角来看，它是无意义的，但是它的英文写法"Green"也有绿色的意思。通过这样的转化，我们在记忆外国音译内容的时候，就能轻松非常多。例如这道题的答案"费希特"，它原本的单词是"Fichte"，依然不是一个常见的单词，但是"费希"的发音和"face"是非常相似的，而"费希特"不过是在"face"的后面加上一个"t"罢了。

我们再来看"柏林大学"这个关键词，我们提取"柏"字中的"白"与"face"相结合，就可以很快联想到一个我们非常熟悉的词语——白脸。这样一来，这组信息不就一下子记住了吗？

大家仔细思考就不难发现，相较前文介绍的关键词匹配，我们在讲解上述的几个例子时，已经开始留意选择题所考查的知识点的掌握，而不是仅考虑通过考试了。只不过上述的知识点，大多数是一句话就能清楚表述的单个知识点（如大禹建立了夏朝），还未涉及完整的知识体系。

在单个知识点的记忆过程中，我们首先要做的并不是一上来就开始使用联想记忆法进行记忆，而是要判断这道题的类型。像"费希特是柏林大学第一任校长"这种知识点，并不存在太多需要理解的成分，我们可以把它们定义为纯粹靠记忆解决的知识。对于这一类型的知识，我们可以比较果断地使用联想记忆法来进行记忆，通过联想构建信息之间的关联（包含、同类、对立、情景、因果），将题干和答案串联在一起。但是面对一些需要靠理解才能解决的题目，纯粹靠联想记忆法就无法维持好学习知识和通过考试之间的平衡了。这个时候，理解串联法也就该登场了!

2.理解串联法

理解串联法就是在学习知识点内涵的过程中，将知识点和自身过往的学习经验串联起来，自然而然地建立起知识间的联系，在理解的过程中完成记忆的过程，无须使用任何额外辅助的记忆手段。这也是受到最多老师和学生推崇的、最纯粹的学习方法。网络上很多围绕记忆法的批评，也是因此而起。大家认为很多知识只要靠理解就能够记忆，并不需要记忆法的帮助，殊不知，理解本身也是记忆法的一种。下面我们依然通过例题来给大家讲解。

艾宾浩斯遗忘曲线表明，遗忘的速度是不均衡的，呈现的趋势是(　　)。

A. 先慢后快

B. 匀速加快

C. 先快后慢

D. 匀速减慢

这道题的答案是 C。艾宾浩斯遗忘曲线描述的是人在刚学习之后会大量迅速遗忘记住的信息，但随着时间的推移，遗忘的速度将逐渐减缓。这条曲线通常呈现为陡峭下降后逐渐平缓。当我们结合自身实际，理解了人类的遗忘规律之后，就能够非常轻松地理解这一知识点，也就能轻松地选出正确的答案。

本书会给大家分享各式各样的记忆技巧来帮助大家用尽可能省力的方式去记忆自己需要记住的知识。由于理解记忆法是最多读者常用的记忆方式，因此我们并不会用太多的笔墨描写这一方法。但这并不代表它不重要，恰恰相反，理解记忆比起其他的记忆方式更应该成为学习和工作中的第一选择。

3. 知识体系串联法

知识体系串联法，我们可以将其视为理解串联法的进阶版本。理解串联法指的是对于单个知识点的理解，而知识体系串联法则是指我们要将选择题涉及的若干相关考点串联起来进行记忆。这个记忆方法通常应用在当我们所做的选择题考核的并非单一的知识点，而是多个相关知识点的集合时。我们同样来举个例子。

小红在咖啡厅做作业时，听到隔壁桌的客人在讨论旅游的趣事，总是不自觉地竖起耳朵想要听一听他们在说什么。此时小红的注意属于（   ）。

A. 无意注意

B. 有意后注意

C. 随意注意

D. 有意注意

这道题的答案是 A。当在记忆这样的题目时，我们不能仅仅盯着正确答案进行记忆，因为围绕这一知识点，这一次考核的是无意注意，下一次考核的可能就是有意注意了。因此我们需要弄清楚每个"注意"都是什么意思，并能清楚地区分它们。与此同时，因为这样的题目在考试中通常只会以选择题的形式出现，不会考核定义默写，所以我们不需要逐字记忆每个"注意"的标准定义，能理解即可。

首先我们需要明确记住的是注意的种类。这道题看似有 ABCD 四个选项，但实际上注意的类型只有三种，即：无意注意、有意后注意和有意注意。A 选项"无意注意"是指事先没有目的、不需要意志努力的注意。B 选项"有意后注意"是指有预定目的，但不需要意志努力的注意。而 C 选项"随意注意"其实和有意注意是同样的意思，都是表示有预期目的且需要一定意志努力的注意。

当我们明确这个知识点只有三个种类之后，即使题目的考核难度上升，虚构一些并不存在的注意类型，比如任意注意、刻意注意，我们也能不被其误导，不会怀疑是否是自身的知识储备不够，能够快速地将误导的选项排除在外。

在明确了知识种类之后，我们不应将这三个知识点作为三个独立的信息进行记忆，而是应当构建一个完整的知识体系，将三者整合起来记忆，如下图：

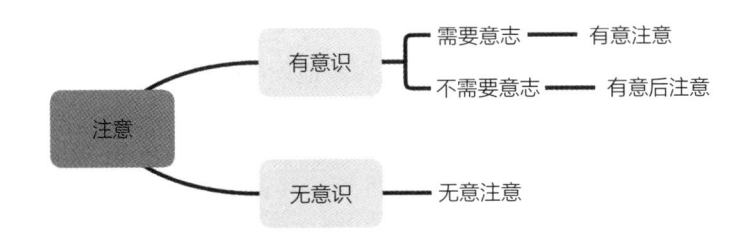

```
                    ┌─ 需要意志 ──── 有意注意
         ┌─ 有意识 ─┤
注意 ────┤          └─ 不需要意志 ── 有意后注意
         └─ 无意识 ──── 无意注意
```

构建知识体系不仅可以帮我们厘清错综复杂的知识之间的关系，还能让我们更省力地记忆知识点。由于这道题的知识框架较为简单，大家或许还无法感受到知识体系的神奇功效，但随着我们学习的深入，尤其是进行到长篇文段记忆的篇章，我们将更清晰地感知知识框架的神奇功效。

4. 总结

在这一部分中，我们学习了三种串联记忆法：联想串联法、理解串联法和知识体系串联法。这三种串联法，虽然都是将知识串联起来，构建知识间的联系，但是侧重点却并不相同。联想串联法更突出的是处理信息联系的手段，是虚构题干和答案之间本不存在的联系，以此记忆那些原本逻辑关系并不强的知识点。这样的串联方式非常考验使用者的联想水平，使用得当可以帮助我们轻松记忆想要的知识，使用不当反而会

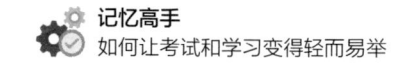

增加我们的记忆负担。

理解串联法侧重点在于建立新知识和自身已有的知识之间的联系，在自身已有的知识框架中，找到新知识的附着点。在艾宾浩斯遗忘曲线的例子中，我们自身已有的知识就是我们过往学习和复习的经验。而这也是选择了一个大家都较容易理解的例子，但当我们学习的知识越来越深奥晦涩时，理解串联法就需要我们具有较为扎实的学术知识，这样我们才能够灵活地调动自己的知识储备去理解和消化新的知识。

知识体系串联法的侧重点则在于建立起新知识间的联系，并进行归纳整理。通过求同，减少知识整体的记忆量；通过存异，厘清各个知识点之间的区别，并在这个过程中，更深刻地理解知识。

当学习到这里，我们就会发现在不知不觉间，我们的记忆方法已经从完全不考虑理解的"强行记住"跳转到建立在理解基础上的记忆了。实际上，只有孩童时期我们具备较强的机械记忆能力（死记硬背），随着年龄的增长，理解记忆将会逐渐成为我们记忆的主要方式，因此在后续的篇章中，如何记忆知识点这一话题，也将慢慢演变为如何更好地理解知识点。后续还会有什么样神奇的记忆方法出现呢？就请大家一起加油往下看吧！

三 口诀法：我们都是小作家

在前面的学习中，我们学会了使用联想法来构建两组信息间的联系，面对可以理解的多组信息时也可以使用归纳的方法进行整理。但是当我们遇到多组并列的信息，有些甚至没有什么理解的空间时，又应该如何记忆呢？

此时就需要口诀法来解决这一类问题了。口诀法顾名思义就是在一系列并列的知识点中提取关键词，将它们组合成朗朗上口的口诀，以降低记忆难度。我们初中学习的"一价钾钠银氯氢，二价氧钙镁钡锌"就是口诀法的一种。接下来我们还是来举一个例子：

国立西北联合大学由哪些学校组成？

A. 国立北平师范大学

B. 国立北平大学

C. 国立北洋工学院

D. 国立北京大学

这道题的答案是 ABC。本题考核的是"国立西北联合大学由国立北平师范大学、国立北平大学和国立北洋工学院三所学校构成"这一知识点。和前面我们学过的考核原题不同，在更多的考试中，D 选项这一干扰项是可以被替换成任何其他学校的。所以我们需要记住的不是干扰选项 D，而是正确的三个选项。

其中需要注意的是，在开始记忆之前，我们需要对要背诵的内容有一定程度的了解，如这道题中的国立北平大学和国立北京大学并非同一所大学。接下来我们从国立西北联合大学和另外三所学校中分别提取关键词：西北、师、平、工。结合谐音法，以构成顺口、合理的句子为目标，将关键词重新排列，就可以得到"洗背是公平的"（西北师工平）这样的一句话。在这个口诀的辅助下，我们就能轻松地记下这一知识点了。

不过需要注意的是，口诀的编排其实非常考验我们的创造力。我们需要确保口诀简单、顺口并且合理，甚至有些时候还需要押韵。只有同时满足这些条件，编出来的口诀才能够起到降低记忆难度的作用，否则编出来的口诀就是无意义的。例如"北平师范北工洋，西北联合成大学"这样的口诀虽然也能帮助我们记忆这一知识点，但就无法起到显著降低记忆难度的作用。

而口诀法的经典范例，莫过于金庸老先生的十四部作品，即《飞狐外传》《雪山飞狐》《连城诀》《天龙八部》《射雕英雄传》《白马啸西风》《鹿鼎记》《笑傲江湖》《书剑恩仇录》《神雕侠侣》《侠客行》《倚天屠龙记》《碧血剑》《鸳鸯刀》，被一句"飞雪连天射白鹿，笑书神侠倚碧鸳"精妙地概括起来。

由于在口诀法中，我们常常使用一到两个字来代表一整个完整的知识点，因此在记住口诀的同时，千万不要忘记将口诀中的每一个字放回到原本的知识点中去进行一一对应，因为最终要记住的并不是口诀，而是口诀背后的知识点。

这种多组信息并列式的信息，其实我们在工作和学习中会遇到非常多。如果我们频繁地使用口诀法，难以避免地会出现口诀过多、过泛、不精等问题，从而失去了口诀法原本精巧、朗朗上口、通俗易记的优点。因此我们在学习中，要谨慎使用口诀法，只有在确保自己可以编出非常合理的口诀时，才使用这一技巧。

这时大家一定要问了，既然口诀法的使用有这么多限制，那我们在遇到这种多组信息并列的情况时，应该采用什么样的方法来记忆，才没有那么多的限制，并且确保具备较高的记忆效率呢？那就请各位继续阅读下一篇章吧！

四　故事法：并列信息的超级克星

在上一篇章中，我们学习了将多组并列信息打包成组块一起记住的口诀法。这种将多组信息组合在一起的记忆方式可以让我们在记忆的过程中不会出现疏漏。例如，当遇到"西北联合大学是由哪些学校合并形成的？"这一题，我们就不会只回答出其中两个。我们可以很明确地知道它由三个学校构成，且分别是什么。

但由于口诀法的编写难度相对较高，有时候思考出合适的口诀就需要花费不少的时间，我们可以选择和口诀法具备相似功能的故事法来解决记忆并列信息的问题。

故事法顾名思义就是编故事。通过前面的学习我们已经知道建立信息间的联系是记忆信息的一个非常好用的方式，例如我们先前学习的包含、对立等。这些方式更多的是挖掘信息之间已有的各种各样的联系，而故事法则与之相反，它要做的是建立起信息之间本不存在的新联系。那具体是如何操作的呢？我们同样来举一个例子：

冰心老师的代表作：《繁星》《往事》《冰心小说集》《超人》《小橘灯》《纸船》《春水》《寄小读者》《再寄小读者》《三寄小读者》《冬儿姑娘》《樱花赞》。

当我们要记忆上述的十二部作品时，可以尝试闭上眼睛在脑海中想象这样的一幅画面：

冰心奶奶坐在湖边看着漫天的繁星，想起了过去的往事：过去她曾经写了一本小说集。小说集里写的是什么呢？

小说中的主人公超人手里提着小橘灯,站在纸船上,顺着春水而下。他要去哪儿呢?

他要将三封冰心老师写的信寄给三位小读者,其中一位小读者叫作冬儿姑娘,她在拿到信的时候,还在赞美树上的樱花好好看。

大家将这个故事结合前面我们的十二部作品清单,一一对应复述一遍,就会发现自己很轻易地、按顺序地、一个不漏地记住了所有的作品。这就是故事法的作用,它可以很好地处理并列式的信息,让我们可以一个不落、按顺序地记住我们所需要的内容。

但是我们会发现在上述的例子中，这些作品大多是具体名词，要编写故事相对来说难度不大。可如果面对那些更为复杂、更为抽象的信息，我们又该如何记忆呢？

答案其实很简单，就是对我们需要编故事的信息进行处理，通过一系列手段将原本抽象的信息转变为容易编故事的词语，就可以像上面的内容一样记忆了。例如下面这个例子：

中国四大书院：应天书院、岳麓书院、嵩阳书院、白鹿洞书院。

"应天""岳麓""嵩阳""白鹿洞"都不是简单的具体名词，因此我们如果想用编故事的方法进行记忆，就需要对它们进行调整："应天"可以谐音为"阴天"；"岳麓"则是山脚的意思；"嵩阳"可以扩写为"嵩山的太阳"；"白鹿洞"则提取关键词"白鹿"即可。接着我们将这四个处理过的词语联系在一起，就可以想象出一个简单故事："阴天散去，太阳照射在嵩山脚下的白鹿身上。"进而利用这个故事串联起四个书院的名称。

第三节　数据记忆小妙招

数据记忆一直是很多同学非常头痛的"大敌"，尤其是有大量的数据需要记忆时，我们就会容易出现混淆和遗忘的情况。而这其实是因为数字类的信息对于我们来说，往往是抽象、没有意义的，相比其他可以通过理解来记忆的信息，数字常常被认为是无法理解的、只能靠死记硬背记住的内容。

但实际上，在涉及数字信息的记忆过程中，我们是有许多办法来降低记忆难度的。其中最为简单的一类就是历史年份，尤其是中国史，因为我们对它最为熟悉。数字信息虽然是没有规律的，但历史事件发生的年份却是顺着时间线一点点展开的。

例如：公元200年官渡之战，208年赤壁之战，220年曹丕称帝，221年刘备称帝。这些事件虽然是独立的，但却是按照一定的历史发展规律进行着的。官渡之战是曹操击败袁绍巩固了北方政权，之后又被孙刘联军在赤壁击败，之后曹操病逝，曹丕称帝，次年刘备称帝。我们只要记住公元200年官渡之战，就能够大概知道后续重要事件发生的年份都在往后几十年的区间范围内，记忆起来也就更为轻松了。

再如我们知道清朝的存在时间是从17世纪到20世纪，而我们常常需要记忆的清朝末期的事情，多集中于19世纪到20世纪，也就是18××年至19××年。这样一来我们只需要记住每一个清末事件发生的年份中模糊的部分是什么即可，开头的两位数字便不需要记忆了。

除此之外，联想法也是我们记忆数据类信息非常重要的一大方法。因为联想法最擅长做的事情，就是给没有具体意义的信息创造意义。比如我们在前文中提到的"1857年印度民族大起义"的例子，"1857"的谐音是"一把武器"，我们可以联想到：印度民族仅靠一把武器就完成了大起义。这个例子使用的就是联想谐音法，把数字这种无意义的信息转化为了与历史事件本身非常契合的有意义的信息，而这也是谐音法的精髓所在。谐音法需要做的，并不是简单地将数字谐音成中文，例如把"1857"谐音成"一把武器"，而是需要发挥我们的想象力把数字谐音成与历史事件非常契合的信息，例如"起义"和"武器"就是息息相关的。

再比如：珠穆朗玛峰的高度约为8848米。珠穆朗玛峰的特点就是高，是一座高峰，因此在给"8848"进行谐音的时候，我们要将它往攀登高峰的方向进行联想，将"8848"谐音为"爸爸试爬"，联想到爸爸试着攀爬珠穆朗玛峰，这样一来就能轻松地记住这组数据了。

当我们的数字记忆需求并不是特别大时，逻辑与谐音联想结合的办

第六章
选择题的速记秘诀

法就足以满足需求了。但当我们对于数字记忆的需求较大时，频繁地使用谐音法将无法实现太高的记忆效率。这时我们就需要使用更为专业的数字记忆方法，也就是数字编码法。

数字编码法，顾名思义就是对数字进行编码，将无意义的无规律数字编码定义为特定的、有意义的信息。为了方便大家使用，我将00~99合计100个数字根据谐音和逻辑联想等方法，编码为100个具体名词，如下表所示。（基础篇也有关于数字编码的章节，那份编码是陈泽楠老师的数字编码，如果在那个篇章已经记了那份数字编码，或者你们自己整理了自己喜欢的数字编码，则无须再记这份编码——数字编码确定了之后就尽量不要随便改动。）

当我们记忆"亚马孙河的长度为6440千米"这一信息时，我们要做的就是翻阅数字编码表找到"64"对应的信息"螺丝"，"40"对应的信息是"手枪"，并从"亚马孙河"中选取关键信息转化为可视化的形象，例如从"亚马孙"可以想到"快递包裹"。接着我们根据书中已经学过的知识，在"螺丝""手枪""快递包裹"这三个信息间建立起联系：用螺丝组装起一把手枪，把它打包在快递包裹里。之后我们再遇到"亚马孙河有多长？"这一题目时，只要能从"亚马孙河"这一信息中提取出"亚马孙"对应"快递包裹"，并想起放入包裹中的物品是什么，再倒推出物品对应的数字是什么，就能完成数值类信息的记忆了。

在上述的例子中，为什么我们将"亚马孙河"转化为"快递包裹"而不是"河流"呢？那是因为当我们要记住若干组河流长度类信息时，"河流"本身将是每组信息中都存在的字眼，而无法作为每组信息独有的特点，因此我们要提取其中更为有效的信息，也就是"亚马孙"。

当我们熟练地记住了100个两位数的数字所对应的编码，并且具备丰富的想象力，我们就可以在遇到数字类信息时，将数值与它们对应的

数字编码表

数字	编码词汇	联想方式	数字	编码词汇	联想方式	数字	编码词汇	联想方式
00	望远镜	形状	16	石榴	谐音	32	扇儿	谐音
01	冠军奖杯	常识	17	放大镜（仪器）	谐音、逻辑	33	红星	拟声
02	铃儿	谐音	18	腰包	谐音	34	寿司	谐音
03	梳子	形状	19	药酒	谐音	35	珊瑚	谐音
04	旗帜	形状	20	恶灵	谐音	36	奶粉	逻辑
05	钩子	形状	21	鳄鱼	谐音	37	炸弹（生气）	谐音、逻辑
06	蝌蚪	形状	22	爱心	常识	38	妇女（妇女节）	常识
07	锄头	形状	23	婚纱	谐音	39	山丘	谐音
08	葫芦	形状	24	闹钟	常识	40	手枪（司令）	谐音、逻辑
09	九尾狐	常识	25	二胡	谐音	41	蜥蜴	谐音
10	棒球棍	形状	26	河流	谐音	42	食盒	谐音
11	筷子	形状	27	耳机	谐音	43	狮身人面像	谐音
12	婴儿	谐音	28	火把	谐音	44	蛇	拟声
13	针筒（医生）	谐音	29	红酒瓶	谐音	45	佛珠（师傅）	谐音
14	钥匙	谐音	30	三轮车	谐音、形状	46	饲料	谐音
15	鹦鹉	谐音	31	鲨鱼	谐音	47	方向盘（司机）	谐音

续表

数字	编码词汇	联想方式	数字	编码词汇	联想方式
48	石板	谐音	66	溜溜球	谐音
49	床（睡觉）	谐音、逻辑	67	油漆	谐音
50	书（武林秘籍）	谐音、逻辑	68	喇叭	谐音
51	扳手（劳动节）	常识	69	八卦阵	形状
52	屋儿	谐音	70	麒麟	谐音
53	长枪（武神）	谐音、逻辑	71	机翼	谐音
54	武士刀	谐音	72	企鹅	谐音
55	火车	拟声	73	汽水	谐音
56	蜗牛	谐音	74	白马（骑士）	谐音、逻辑
57	斧头（武器）	谐音	75	蝴蝶	谐音、逻辑
58	电脑（网吧）	谐音	76	汽油	谐音
59	蜈蚣	谐音	77	机器人	谐音
60	榴梿	谐音	78	青蛙	谐音
61	玩具车	常识、逻辑	79	气球	谐音
62	牛儿	谐音	80	保龄球	谐音
63	流沙	谐音	81	白蚁	谐音
64	螺丝	谐音	82	靶儿	谐音
65	尿壶	谐音	83	宝剑	谐音
			84	巴士	谐音
			85	项链（宝物）	谐音、逻辑
			86	白鹿	谐音
			87	锤子（霸气）	谐音、逻辑
			88	耙耙	谐音
			89	芭蕉	谐音
			90	工作台（力零后）	谐音
			91	球衣	谐音
			92	篮球（球儿）	谐音、逻辑
			93	旧伞	谐音、逻辑
			94	太阳（救世）	谐音
			95	救护车（救我）	谐音
			96	酒炉	谐音
			97	棋盘（旧棋）	谐音、逻辑
			98	沙发（酒吧）	谐音、逻辑
			99	公鸡（雄赳赳）	谐音、逻辑

信息组合起来，形成一个有逻辑的故事链条。例如圆周率 π 小数点后的 8 位"14159265"，分别对应"14 钥匙""15 鹦鹉""92 球儿""65 尿壶"，我们就可以联想到一只叼着钥匙的鹦鹉用爪子把球儿扔进尿壶里。

到此，选择题记忆中常见的一些记忆技巧就讲解完毕了，从下一章开始我们将学习如何记忆对精准度要求更高的题目。我们会使用到一些在本章中出现过的方法，也会了解一些新方法，大家请继续往下学习吧！

第七章　简答题原来要这样记

从这一章开始,我们将一起来学习简答题的记忆方法。和前面的选择题部分一样,我们讨论的简答题同样是考查背诵默写的简答题。

简答题的记忆需要做到比选择题更加精准,我们不再是从一众选项中找到正确的答案,而是需要对答案本身有着较为清晰的认识,在看到问题之后能在脑中构建较为清晰的答案架构。但相比需要精准记忆的默写题,简答题并不需要做到绝对精准,不需要与原文一模一样,只需要在"意思对"的基础上,采用较为书面化的表述即可。

把握好这一点,我们就可以把握好记忆简答题时的记忆精度,避免在不需要精准记忆的题目里,投入过多本不需要的精力。

第一节　分点作答再也不会漏了

在记忆简答题的过程中,我们需要把握的重点一共有两个,第一个是在看到问题时联想到答案,第二个是从头到尾、完整地写出答案。简答题的答案往往是由数个有一定关系的句子整合形成的,或是逻辑递进,或是并列,或是延展。因此保证简答题作答完整性的秘诀,就在于找到答案句子间的联系,将一句句单独的句子,用一条绳子从头到尾串到一起,从而实现看到问题时,马上就能想到第一句话,写出第一句话时,立刻就能想到第二句,一想到第二句话,第三句话也能随即想起。这样一来，我们就能完整地将答案整合起来了。那到底如何做到这一点呢？在这一节中，我们将学习4个常用的记忆方法。

一 逻辑建构法

逻辑建构法顾名思义就是在问题与答案之间、答案的各个句子之间建立起连贯的逻辑结构，从而达成看到问题就能想到完整答案逻辑框架的目的。我们先通过一个例子一起来看看。

学校教育在人身心发展中起到主导作用的原因是：

①学校是有目的、有计划、有组织地培养人的活动，它规定着人的发展方向。

②学校教育是通过受过专门训练的教师来进行的，相对而言效果较好。

③学校教育能有效地控制和协调学生的发展。

④学校教育给人的影响比较全面、系统和深刻。

在这个例子中，①是从学校的整体功能来进行表述的，②③④则是分为3个维度去论证学校的重要性。通过理解和分析，我们可以明确这是一个总分结构的文段。接着我们继续剖析，不难发现②强调的是老师的专业性，③强调的是学生的有效发展，④强调终身的影响。因此我们可以通过逻辑梳理得到下面的三维立体图。

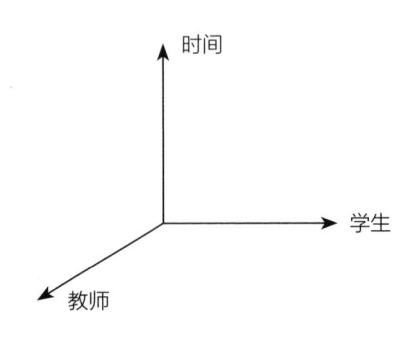

第七章
简答题原来要这样记

其中②和③的教师和学生，是学校中最为重要的两种身份，而④的时间则代表长时间的持续影响。这样一来，我们在看到这道题时，只要通过逻辑分析，回忆起这道题是按照总分的形式作答，分的部分由一个三维图构成，我们就能一点不落地完整回答出所有小点了。比起过去我们直接一点一点地向下记忆，不考虑每一点之间的联系，这个三维立体图将三个点整合为了一个整体，很好地降低了我们的记忆难度。

让我们回到①，虽然通过逻辑梳理法，我们已经记下了文段的整体框架，但是关于每一点的详细表述，显然还需要我们花费一下力气去记住。而①中最具难度的显然是"有目的、有计划、有组织"这个"三有"的表述。过去我们要记下这种并列式的小短句，如果不能理解，经常只能不断地重复默读。这样的记忆方式非常容易记混淆，或者答漏。而解决的办法也很简单，我们从"三有"中提取"目""计""组"三个字，通过谐音转化为"目击者"，就能非常轻松且一个不落地记下来了。这就是我们在选择题部分学习过的口诀法。

逻辑建构法需要我们具备较高的文段理解能力，能够在拿到文段之后，快速进行拆分、梳理和重组。这个方法最难的地方就在于它没有特定的方法论，拆分重组的方式完全基于文段本身，因此没有太多的细节可以教给大家，大家只能通过不断练习和教师的指导去摸索拆分的感觉。但是这也是大家理解知识的最好方式。建构的过程，其实就是理解文段的过程，能够按照自己的想法重新梳理文段，我们就能够很好地掌握文段的含义，实现理解与记忆的同步。这个方法也很好地回击了一些对记忆法理解片面、认为记忆法完全忽视对知识理解的人。接下来我们再来举一个例子，进一步帮助大家感受逻辑构建法的使用方式：

20世纪以后教育的特征：

①教育的全民化。

②教育的民主化。

③教育的多元化。

④教育技术的现代化。

⑤教育的终身化。

这个例子与上一例子的总分形式不同，是一种完全的并列式结构。我们可以挑选其中一点作为起始点，从它出发依次建立起五个点之间的联系。在这道题中我选择的是①中的"全民"，20世纪开始的教育是面向大众的，面向老百姓的，全民大众就成了这个链条关系的主角。②中的"民主"，我们可以理解为根据自身的意愿选择自己想要的教育方式，③中的"多元"是指教育的目标、内容和形式都是多元的，我们可以简单理解为教育的内容是多元的，有音乐、体育、理科、文科等。

我们会发现①②③中藏着一个非常好串联起来的逻辑链条：老百姓可以根据自己的意愿去选择自己想要的教育方式，因为老百姓有很多，每个人的想法又不一样，因此教育自然而然就是多元的了。这样一来是不是一下子就记住了呀？

接着我们继续看④和⑤。④强调的是"技术的现代化"，这里包括设备上的现代化，如将互联网、人工智能投入到教育中，也包括教育理念、教学方法的现代化，比如小组合作讨论和学生自学、上课教师负责答疑等新型的授课方式。总而言之，就算和20世纪以前相比，学生学的东西都是一样的，但是课程内容的呈现方式是与时俱进的。⑤中的"终身化"是指学习是一辈子的事情，不是离开学校就不用学习了。结合③④⑤，我们又能得到一个非常明显的逻辑链条：多元的课程内容，要用现代化的技术呈现给学生，学生对这些通过现代技术呈现的多元内容的学习并不是一时的，而是要持续一辈子的。

最后我们再将①到⑤完整地整合起来就可以得到下面的逻辑链条了。

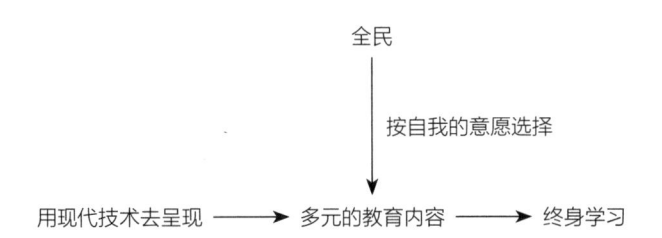

```
                              全民
                               │
                               │ 按自我的意愿选择
                               ▼
用现代技术去呈现  ──→  多元的教育内容  ──→  终身学习
```

这样一来,只要我们在看到问题时,能够想起第一点的全民化,后面的内容就能如潮水般一个个有序地涌现出来了。

在了解了简答题的记忆方法之后,接下来我们就练习一下,看看自己掌握得怎么样吧!

例题:

上好一堂课的标准:目标明确,内容正确,方法得当,结构合理,语言艺术,板书有序,态度从容,充分发挥学生的主观能动性。

逻辑图绘制区:

参考答案：

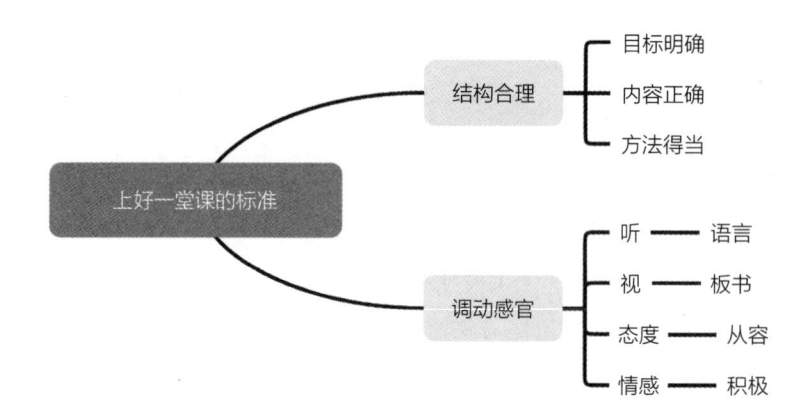

```
                         ┌─ 目标明确
              ┌─ 结构合理 ─┼─ 内容正确
              │          └─ 方法得当
上好一堂课的标准 ┤
              │          ┌─ 听 ── 语言
              │          ├─ 视 ── 板书
              └─ 调动感官 ┼─ 态度 ── 从容
                         └─ 情感 ── 积极
```

二 口诀法

和选择题一样，在简答题中口诀法同样是解决并列式题型的优先选项。提取句子中的关键词，通过谐音串联成朗朗上口的句子，就能很好地建立起各点之间的联系，将分散的信息点整合成容易记住的整体。前文提到了"目击者"的例子，就是口诀法在简答题中的辅助用法。

那口诀法如何作为核心主轴解决简答题的记忆呢？我们还是用逻辑建构法中已经出现过的例子来举例：

20世纪以后教育的特征：

①教育的全民化。

②教育的民主化。

③教育的多元化。

④教育技术的现代化。

⑤教育的终身化。

我们在每一个点中提取关键字："民""主""多""现""身"，然后将它们组合起来，变成"民主多现身"，就能轻松记住这个知识点了。

这个例子告诉我们，条条大路通罗马。同样的一道题是存在多个不同解法的，记忆知识的核心要义就是把知识记住，选择什么样的方法可以根据我们对记忆方法的喜好程度，也可以依据自己灵光一现的思路。我们不需要拘泥于唯一解法，恰恰是千变万化地使用记忆方法才能更好地保持我们大脑的兴奋度。不过需要注意在口诀法的使用中，一定要确保口诀的顺口度。接下来我们再举一个例子：

教学的八大原则：

①直观性原则。

②启发性原则。

③巩固性原则。

④循序渐进原则。

⑤因材施教原则。

⑥理论和实际相联系原则。

⑦发展性原则。

⑧科学性和思想性相统一原则。

我们依次从八个小点中提取关键字："观""启""固""进""材""理""发""科"。这些原则谁先谁后是无所谓的，我们可以根据顺口的原则将它们重新整合成句子"理科启观进固发材"，并根据谐音法将它转变为"理科器官禁锢发财"。通过这样一个虽然现实中不存在，但是朗朗上口的口诀，就可以轻松记住这八大原则了。

三 故事法

故事法同样是一个在选择题记忆中出现过的方法，是通过编故事建立起各条信息之间联系的记忆方法。但和选择题不同的是，简答题中的故事法，通常用于本身具备一定故事性的文本，而较少用于逻辑性很强但是故事性不明显的文本。我们同样举个例子来理解：

班主任的工作：

①了解和研究学生。

②指导班级学生的学业。

③组织丰富的班会活动。

④开展各类课外活动。

⑤领导学生开展劳动活动。

⑥协调各方对学生的要求。

⑦评价学生的发展。

⑧总结和规划班主任工作。

这道题讲述的是班主任一系列需要执行的工作，属于同一主体（即班主任）做的一系列事件。这些事件原本是以分点的、相对独立的形式出现的。以这样的形式出现，条理更加清晰，每一点讲述的都是不同维度的事情，虽然方便我们理解知识，但在作答的过程中就非常容易出现答漏的状况。因此我们同样要利用应对分点作答的通用办法：整合。故事法要做的正是创造主体从头到尾执行这一系列行为的衔接逻辑。

我们想象自己是班主任，在正式开展工作以前，第一步要做的就是了解学生。只有知道学生是什么样的，才能够因材施教，给予他们最好的教学。这对应的就是①的内容。

在学校中，学生的学业自然是非常重要的一大部分，因此我们在了解学生之后，要根据学生的情况，给予他们学业上的指导。比如我们通过了解发现小明注意力不集中，就要采取措施去改善他的注意力。这样一来，①和②就衔接在一起了。

第七章
简答题原来要这样记

在当天的课堂学习结束之后，最后的一节课是班会课。作为当天最后一节课，我们需要在班会课上总结这段时间来班级的一系列事务。这样，我们就能通过"学科课程结束之后，学生还不能放学，还有一节课"的逻辑，将②和③联系起来。

那最后一节课结束之后，学生是否就能下课了呢？答案是否定的。我们在下课之后，还要带领学生一起参与课外的活动，比如拍卖会、知识竞赛等。通过课内和课后的衔接，我们可以把③和④联系起来。

在举办班级拍卖会之后，教室的桌椅自然就被一定程度上弄乱了。在让学生们放学之前，我们还需要让同学们把桌椅复原，把教室的卫生弄干净，也就是进行劳动活动。这样④和⑤就联系起来了。

学生终于放学了，作为班主任，我们应该带队把孩子送到校门口的家长手中。家长也抓到了难得的和班主任直接沟通的机会，会咨询我们孩子在学校的表现。作为回应，我们需要对孩子在学校的表现进行评价，同时听取家长对孩子的期许和要求。这样一来，⑤、⑥和⑦就全部联系起来了。

当把孩子全部送走之后，我们回到办公室，下班前还需要对自己当天的工作进行最后的总结，并想一想第二天自己需要做些什么。这样，通过送完孩子回到办公室这种符合行为逻辑的联系，⑧也就能被记住了。

在讲述完一整个故事之后，我们脑中就会浮现班主任做好规划、上课、办活动、让学生搞卫生、送学生出校门并和家长交流、回办公室这样连贯的画面，原本分为八点的信息，也就被我们串在一起了。

接下来，大家动手尝试一下用故事法记忆下面这道例题吧！

我国常用的教学方法：讲授法，谈话法，讨论法，读书指导法，参观法，练习法，实验法，实习作业法。

记忆思路：

四 图像法

图像法即将文段中的各个关键要素提取出来转化为一个个形象，再将这些形象汇聚为一张整体图画。其中我们最熟知的就是马致远的《天净沙·秋思》：

枯藤老树昏鸦，小桥流水人家，古道西风瘦马。

夕阳西下，断肠人在天涯。

这首完整的散曲实际上是由"枯藤""老树""昏鸦""小桥""流水""人家""古道""西风""瘦马""夕阳""断肠人"这十一个关键要素汇聚而成的。图像记忆法就是通过将这些要素全部组合在一起，变成一幅完整的图像，如下图：

由于画面对我们大脑的冲击比文字更强，所以相比文字，我们能更轻松地记住图片信息。图像法就是利用这一原理，将同样的信息由文字转化为画面，这样一来虽然我们记忆的还是同样的东西，但是记忆难度却下降了很多。

这时候肯定有同学要问了：像《天净沙·秋思》这样画面感很强的记忆内容其实并不多，这个图像记忆法的适用范围是不是太小了呀？

答案是否定的。对于画面感强的内容（例如古诗词），我们确实可以直接使用图像法来记忆，但是对于画面感不强的内容，我们经过一些额外的处理，同样可以用图像法实现非常不错的记忆效果。下面我们一起来看一道例题：

掌握知识和发展能力的关系：
①掌握知识是发展能力的基础。
②能力发展是掌握知识的重要条件。

③掌握知识和发展能力具有相互转换的内在机制。

④教学中应该防止两种倾斜。

这道题乍一看并没有什么可以直接变成画面的内容，但是我们依然可以利用图像法来完成高效记忆。在通读理解了上述的四点之后，我们发现这道题就是在论述掌握知识和发展能力之间的关系，我们用上面学习过的理解法梳理出各个知识点之间的关系，如下图：

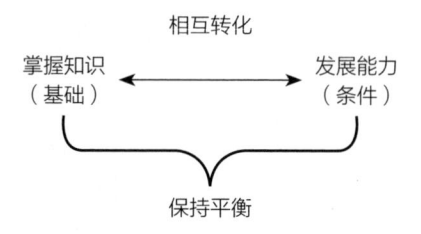

```
            相互转化
掌握知识  ←――――――→  发展能力
（基础）              （条件）
     └────────┬────────┘
           保持平衡
```

如果仅仅依靠理解法来记忆，我们对信息的加工到这一步就结束了，接下来就是根据框架进行记忆了。但是有的同学仅根据理解法梳理出来的逻辑关系依然无法较为牢固完整地记住整道题，这个时候我们可以采用图像法作为辅助。左边的"知识"我们可以通过谐音想到"芝士"，右边的"发展能力"我们可以通过逻辑联想到"一个在健身的人"，下方的"保持平衡"我们可以通过意义联想到"天平"，接着我们将"芝士""健身人士"和"天平"三个信息根据文中的意思转化为一幅完整的图片。

图片中的芝士在偏下的位置，代表知识是基础；健身人士在升高以后会因为中心不稳往左边掉落，代表着能力发展会转化为掌握知识，从而推导出二者会相互转化。这样一来原本的四条知识点就被我们用一幅图巧妙地组成了一个整体。这样的一幅图片我们只要看过一次就能很久都不忘记，也就能帮助我们快速地记下来了。大家学会了吗？

第七章
简答题原来要这样记

　　有的同学会问：画一幅图就要很久的时间，够我记忆不知道多少新内容了，这样的记忆速度怎么能算得上快呢？要知道在当前 AI 高速发展的时代，我们不再需要自己一笔一画去绘画出图像来进行记忆了，只需要告诉 AI 我们想要的图片，它就能帮助我们快速画出来，画图消耗时间的困扰也就不存在了。采用电子文档管理好用 AI 画出来的图像和对应的知识点，我们就能利用图像法高效记忆知识了。

　　不过需要注意的是，如果绘制的图片中包含了过多的要素，且这些要素之间无法用合理的逻辑关联起来（如鸡和蛋就具备逻辑关系），那这张图片就会失去它辅助记忆的功能了。因此我们绘制的图片，首先要素量最好不超过 10 个，其次它们之间要能够构成一定的逻辑关系。例如《天净沙·秋思》中的要素虽然很多，但是要素的关联非常合理：屋子边上有河流很合理，河流上有桥很合理，桥上有人骑马很合理……这样我们的记忆难度就会很小。反之，如果我们只是胡乱地堆砌画面，且要素之间无紧密联系，例如在热闹的街道上有很多人，每个人都在做着不相干的事情，画面的信息量就会过多，如下图：

在了解了图像记忆法之后，接下来就让我们自己动手试试看能否解构出下面这道例题的知识点是如何与图像对应起来的吧。

循序渐进原则的基本要求：

①按教材的系统性来进行教学。

②由浅入深，由易到难，由简到繁。

③将系统连贯性与多样性结合起来。

④注意主要矛盾，解决好重点和难点的教学。

关键词	对应的画面

参考答案：

关键词	对应的画面
教材	书本
深入浅出	长矛向前刺出
灵活性	书本的移动身法灵活
矛盾	两把武器

五 定桩法

定桩法，顾名思义就是把我们要记忆的信息固定在桩子上，从而达到高效记忆的方法。那什么是桩子呢？记忆法中的桩子指的是我们在记忆前，事先确定好的、有先后顺序的一组信息。看完这个解释，大家肯定还是云里雾里，就让我们一起通过下面的例子来了解什么是定桩法吧！

请按顺序从前往后记忆下列 15 个词语：

苹果	男孩	小猫	小狗	大象
爸爸	女孩	火热	冰	跳
厨房	女士	妈妈	新的	打开

大家可以拿出秒表给自己计时，看看需要多久能记下这 15 个词。

我们如果观察仔细的话，就会注意到这些词好像有点熟悉，但又说不上来为什么，让我们一起来看看下面这个整理过的新表格，答案就揭晓了：

苹果 apple	男孩 boy	小猫 cat	小狗 dog	大象 elephant
爸爸 father	女孩 girl	火热 hot	冰 ice	跳 jump
厨房 kitchen	女士 lady	妈妈 mother	新的 new	打开 open

怎么样？大家发现其中的奥秘了吗？如果把这些词语转化为英文的话，它们的首字母依次是"a"~"o"，"a" for "apple"，"b" for "boy"……

当我们有了这个关键信息，原先毫无关系的词语，就变成了以字母顺序为纽带串联起来的信息群。如果让我们再来记忆这组信息，速度毫无疑问就会比先前不知道词语联系时快上很多。

在这个例子中，英文字母的顺序就是我们预先知道的、有先后顺序的信息。我们只需要将每个词语分别与一个字母关联起来，就能记住这组词语了。我们回过头再读一遍前面我们对"桩"的定义就会发现，英文字母就是这个例子中的"桩"。

和原先我们学习的记忆方法都需要努力建立信息间的整体关系不同，采用这个方法来记忆信息，我们并不需要去分析"苹果"和"男孩"有什么关系，"小狗"和"大象"有什么关系，只需要知道"苹果"和"a"是如何联系起来的，"男孩"和"b"是如何联系起来的就足够了。在我们需要这组信息时，可以通过英文字母"a"想到"苹果"。

如果我们尝试运用过前面的各种记忆方法，就会发现无论是故事法、口诀法还是逻辑法，最难的一步都是去构建信息间的整体联系。当信息的数目变多了，它们之间的逻辑关系就会变得错综复杂，将它们关联起来也就需要思考更多。而定桩法就能够很好地避开这个难题。我们不再需要将信息全部整合起来，只需要将它们一条条嫁接到另外一组我们已经掌握了的整体信息（26个英文字母是一个我们早已知晓的整体）身上就能完成记忆了，需要思考的东西就会少很多。这就是定桩法的魅力，同时也是被一些人诟病的关键所在：不需要理解信息间的关系，只需要把信息依次定在桩子上即可，换句话说就是不需要理解就能记住。

仅仅通过一个例子想要搞清楚复杂的定桩法实在是太勉强了，接下来我们就一起通过更多的例子来更好地理解这一部分内容。

正如前面所说，只要是我们事先知道顺序的信息都可以作为用来记忆的桩，除了英文字母，阿拉伯数字、身体、自己周遭的环境等都可以成为桩子供我们记忆使用。而其中最常见的就是自己的身体（即身体定桩法）和自身周遭的环境（即地点定桩法）。接下来我们就依次来学习下这两种方法吧！

1. 身体定桩法

定桩法需要一组具备顺序的信息作为桩子，因此我们可以从上往下，从前往后地在自己的身体上找到十个有代表性的位置：

顺序	位置
1	头
2	眼睛
3	耳朵
4	鼻子
5	嘴巴
6	肩膀
7	手
8	大腿
9	脚
10	后背

给大家一分钟的时间按顺序记住这十个位置,接下来我们上例题:

莫言的代表作:《爆炸》《生死疲劳》《红耳朵》《白棉花》《酒国》《蛙》《四十一炮》《流水》《司令的女人》《金发婴儿》。

如同我们前面所介绍的,我们需要做的就是将身体的十个部位与莫言的十部作品一一匹配,至于匹配的方式,可以是联想,可以是构造逻辑,可以用任何我们学过或没有学过的方式。

作品	位置	联想方式	图片
《爆炸》	头	一个爆炸头的男人	
《生死疲劳》	眼睛	这个人工作到极度疲劳,眼睛耷拉	
《红耳朵》	耳朵	这个人耳朵是红色的	
《白棉花》	鼻子	这个男人为了止住鼻血,鼻子塞着白色棉花	

第七章
简答题原来要这样记

续表

作品	位置	联想方式	图片
《酒国》	嘴巴	这个男人在喝美酒	
《蛙》	肩膀	这个男人肩膀上站着一只蛙	
《四十一炮》	手	这个男人手上拿着大炮	
《流水》	大腿	流水淹到了男人的大腿	
《司令的女人》	脚	这个男人脚下踩着石头都没有司令的女人高	
《金发婴儿》	后背	这个男人背后背着一个金发的婴儿	

现在请大家回忆一下，然后拿起笔完成下面的表格：

题号	位置	对应的作品
1	耳朵	
2	大腿	
3	嘴巴	
4	头	
5	脚	
6	眼睛	
7	肩膀	
8	后背	
9	手	
10	鼻子	

怎么样？大家是不是惊奇地发现，通过身体定桩的办法，我们可以非常轻松地记住这十部作品，两两匹配的记忆难度要比把十部作品整合成一个故事简单多了。我们不仅能够一个不落地说出十部作品分别是什么，还可以说出每部作品的前面和后面分别又是什么作品。不相信的话可以把书盖上，自己考考自己。

相信经过了上述的例子，大家肯定对于"将身体作为桩子，将信息定在上面"有了进一步的了解，下面就让我们来看看它在简答题记忆中的实际应用吧！

我们同样采用前面出现过的一个例子，让大家更好地感受不同方法之间的使用差别：

班主任的工作：

①了解和研究学生。

②指导班级学生的学业。

③组织丰富的班会活动。

④开展各类课外活动。

⑤领导学生开展劳动活动。

⑥协调各方对学生的要求。

⑦评价学生的发展。

⑧总结和规划班主任工作。

这道题一共有八个小点，因此我们只需要从上往下选择八个身体部位来记忆即可。记忆的方法相信学习了前面这么多的内容，大家也已经能猜到了，首先我们要做的就是提取出每一小点中的关键词，其次是依次建立这些关键词和身体部位的联系，这样我们就能轻松记住八个小点的内容了。

序号	身体部位	关键词	联想方式
①	头	研究	研究需要脑袋里进行头脑风暴
②	眼睛	学业	眼前有堆积如山的作业本（作业本对应学业）
③	耳朵	班会	耳中充满班主任的声音（班主任对应班会课）
④	鼻子	课外活动	鼻子闻到了操场的花香（户外对应课外活动）
⑤	嘴巴	劳动	嘴巴不停地吃东西（嘴巴在劳动）
⑥	肩膀	协调	水平地抬起双臂，保持稳定（肢体协调来调整重心）
⑦	手	评价	用手比出大拇指（点赞对应高评价）
⑧	大腿	总结	（最后一题留给大家自己思考）

怎么样？身体定桩法你都学会了吗？是不是非常简单呢？接下来，我们再来看一道身体定桩法的变式。

班主任对后进生的教育工作应注意以下几点：

①关心爱护后进生，尊重他们的人格。

②培养和激发后进生的学习动机。

③树立榜样，增强是非观。

④根据个别差异，因材施教。

⑤善于挖掘后进生身上的闪光点，增强其自信心。

这道题我们不再从上到下地利用身体器官，而是使用我们的五根手指进行记忆。首先是大拇指，它在我们平常的生活中常常代表点赞和鼓励的意思。而②中提到要激发学习动机，恰好和"鼓励"非常契合，我们可以通过鼓励来激发学生的学习动机。

接着是食指，我们常用食指来指向特定的物品。长此以往，食指就指过了很多不同的对象，而与④中的"个别差异"非常契合，食指所指的每一个人都不相同。

往下是中指，我们常用中指来表达歧视与鄙视，这恰好与①中的"尊重人格"形成一对反义，对照起来一下就能记住。

再往下是无名指，五根手指中最难单独竖起来的就是无名指，这与③中的"树立"也形成了非常好的呼应。

最后是尾指，在生活中我们常看到很多人使用尾指挖耳朵，而这个"挖掘"的动作恰好与⑤中的"挖掘"很好地呼应了。

由于这道题的五个小点并不需要讲究先后的记忆顺序，我们完全可以打乱原本的顺序，按照从大拇指到尾指的顺序进行记忆和作答。这样一来，一道原本很难记全的题目就被轻松记下来了。

不过大家有没有注意到一个非常重要的问题：身体从上到下也没有多少部位，用来记一组信息当然没什么问题，但是当我们需要记忆的内容多了，每次都用身体部位来记忆的话，就没办法区分每次记的内容是什么了，就会出现记忆混淆的问题。

而为了应对这个桩子不够多的问题，地点定桩法应运而生。

2. 地点定桩法

地点定桩法又被称为记忆宫殿，是一种辅助储存信息的工具。我们可将其想象为一块 U 盘，只不过这块 U 盘是存在于我们大脑中的。当我们要记忆信息时，我们将 U 盘导入，将信息储存到 U 盘中，当我们需要提取这些信息时，就可以在 U 盘中检索。而这块 U 盘可以储存多少信息，取决于记忆宫殿中的房间数量和每个房间的大小。换句话说，每个房间就是一个大场景，房间的大小即场景内小场景的数量，我们是通过把要记忆的信息依次储存在大场景中的每一个小场景内，来达到记忆效果的。

这些大场景可以是我们身边的环境，如教室、卧室、工作场所。理论上，只要我们事先在这些大场景中选取了足够多的小场景，并安排好它们的顺序，我们就可以记忆无限的信息。诸如课桌之类的一个个小场景，就是一个个地点，在同一大场景内所选取的所有地点构成的集合，就是地点。故一组地点内，包含了若干个地点。

例如下图中的餐厅就是一组大地点，餐桌、椅子等就是一个个小地

点。我们需要注意的是，所谓的地点是存在于某一场景空间中的一小块空间，而非一件物品。例如，在餐厅的例子里，餐桌这个地点，包含了桌面及其上方的空间（即餐桌上方的空气），而不仅是这张桌子。

换句话说，假设我们想象在脑海中有一片白色的背景，其中有一张餐桌，它的外观与餐厅中的那张餐桌完全相同，那它是地点吗？答案是否定的。它只是一个物件，只有存在于某一空间中的特定位置，它才能够被称为地点。

那这些地点到底是如何使用的呢？它是如何帮助我们实现高效记忆的呢？下面就让我们来看一个例子。

课外作业的布置与批改的要求：

①作业内容要符合课程标准和教科书的要求。

②作业分量要适当，难易要适度。

③布置作业要明确规定完成的时间与要求。

④教师应坚持检查和批改学生的作业。

⑤课内作业与课外作业相结合。

⑥对学生作业的指导要恰如其分，对学生所犯的错误要及时指出。

这道题同样是一道分点作答的简答题，题目分为六个小点正好可以与上图环境中的小地点意义匹配。

首先我们来看①。①中的关键词是"课程标准和教科书"，这两个概念在教育学中是高度关联的两个知识点，因为教科书就是根据课程标准编写的。因此当我们想到教科书的时候，自然而然就能想到和它相关的课程标准了。在确定关键词之后，我们第二步要做的就是出图，也就是将用文字表述的信息通过联想等手段形象化。教科书是非常好形象化的一个物品，我们可以选择从小到大使用过的任何一本教科书的图像来代表这个关键词。接着第三步就是将这本教科书和地点1的盆栽建立画面上的联系。我们只要想象将一本教科书摊开后放在盆栽上，就可以记住了。

②强调的是要适度，包括难度的适度和作业量的适度。这里我们有两种不同的解决办法。第一种是详细版本：既然②有两个关键词，我们就分别将"难度"和"作业量"都变成图像。其中"难度"我们可以想到 0 分的试卷，正是因为难度太高，我们才会得 0 分。"作业量"我们可以想到非常多的作业，密密麻麻数都数不完。而地点 2 是一根垂直的柱子，因此我们可以通过联想"垂直的柱子上，贴满了 0 分的试卷"这样的图像，来将这些信息绑定起来。

除此之外，我们也可以选择简易版本的出图方式：因为我们知道②强调的是适度，而当我们看到柱子上的 0 分试卷，从而想到难度需要适中之后，也能随即想起还有一个关键词也需要适度，进而回忆起作业量。若我们通过逻辑推理能记住这一层的推导，我们就只需要在画面中呈现一部分内容。例如，我们可以想象垂直的柱子上粘贴着一份 0 分的试卷。

③的关键词是"时间与要求"。将"时间"和"要求"联系在一起，我们可以想到对时间有要求，比如在 1 分钟内要做完作业，与之对应的画面，我们可以想到沙漏。因此我们可以想象地点 3 的吊灯上放着一个沙漏。

④的关键词是"老师、批改、作业",因此我们可以直接想象一幅老师在地点4,也就是桌子上批改作业的画面。

⑤的"课内作业和课外作业相结合",根据我们在选择题记忆中提到的通过相反逻辑来记忆的技巧,只要我们看到"课外作业",就能想到与之相反的"课内作业",进而想到要将它们"结合"。因此我们可以通过联想任何可以被称为"课外作业"的活动并将它形象化,如栽培植物可以形象化为盆栽。接着我们在地点5的椅子上放上一盆植物就能记住它了。

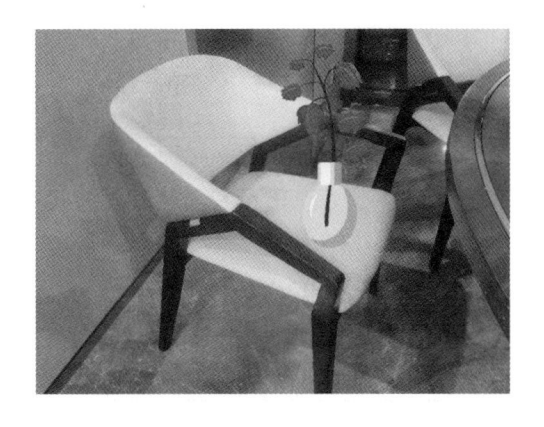

⑥讲的是教师对学生的指导要讲究时间和分寸,因此我们可以提取

"老师指导学生"作为关键词,并结合地点6,联想到老师和学生蹲在桌子底下,学习木头的材质。

以上就是采用地点定桩法记忆"课外作业的布置与批改的要求"的完整内容了,请大家再次回顾上述内容后,完成下面的表格,检验自己是否掌握了这部分知识。需要注意的是,在考试中,简答题的作答只需要表达与原文相同的意思即可,并不需要每个字都完全相同。

序号	地点	图像	对应关键词	知识点原文

通过上述的例子,相信大家已经对地点定桩法有了一定的了解,和

第七章
简答题原来要这样记

前面所学习的方法相比，地点定桩法最为强调图像感，需要我们将记忆的内容转化为图像，而这也是联想记忆法的一大难点，大家只有不断地练习和推敲，才能更好地掌握这一技巧。

当我们熟练掌握这一方法之后，就可以在不用掌握知识之间关联的情况下，仅仅靠记住一句句零散的句子，就记下一篇超长的文段。彻底告别一句话容易记，但是将100句话从头到尾完整背下来就无能为力的问题。不瞒大家说，我在读大学的时候，平日虽然也有积极学习，但是并没有花太多时间巩固和记忆知识。当我需要运用到某一部分知识的时候，我能知道它在书上什么地方，然后快速翻书找到并拿出来应用。可是这样的状况对知识的印象是不够深的，是不足以支撑我参加闭卷的期末考试的。而地点定桩法的出现拯救了我。它可以让我在短短的几天时间内，快速记住所有考试需要的知识。而且因为知识是绑在地点桩上的，所以只要清楚每个桩上是否放了图片，放的是什么图片，我就能知道这一部分知识我是否已经记住了，记忆是否是完整的，不需要像其他同学一样通过反复背诵来确认自己已经记住了，整体的记忆和复习效率都要比其他同学快很多。但是地点定桩法也有其不可忽视的缺点。

第一，当我们过于依赖定桩法进行记忆，而忽略了对知识的理解时，定桩法原本不需要整合知识点各个部分的优点就会变成缺点。它让我们不愿意动脑去花时间整合知识，进而形成能默写内容，但并没有真正学会知识的功利应试倾向。你可能只记得"课内作业要和课外作业相结合"，却忽视了思考我们这么做是为了兼顾学生"德智体美劳"的全面发展。因此，我们需要时刻记住，地点定桩法只是帮我们记住知识的工具，我们要想真正学会这部分知识，一定要将记忆建立在理解的基础上。

第二，图像和地点的联系不紧密，从长远来看比其他方法更容易遗忘。由于地点定桩法可以让我们记忆这部分知识的速度远远快过一般的记忆方法，因此我们实际上在这部分知识上所花费的精力是少于其他部分的知识的。虽然图像在短时间内给予我们的视觉刺激可以让我们非常快地记住知识，但如果我们没有做好第一点中提到的理解，这种视觉刺激是会快速消退的。一个两个或许还好，可当我们需要大量使用地点定桩法进行记忆时，我们对视觉刺激的阈值就会提高，画面给予我们的刺激就没那么强烈了，同时它又会快速消退，长期记忆的效果并没有那么好。所以当我们采用理解的办法彻底记住知识后，这部分知识能在我们脑海中留存的时间和稳定程度是高于仅仅使用地点定桩法记忆的（如只记得地点上的图片，不记得图片代表什么内容）。

而应对这一点的方法也非常简单。首先，我们可以反过来利用地点定桩法容易遗忘的特点。通常来说，地点定桩法普遍比其他记忆方法的记忆速度更快，并且可以在一天内高质量地保存在脑海中，即一天内不易遗忘。而理解记忆法需要我们去消化和让大脑逐步内化知识，短时间内记忆效果不佳，且提取速度慢，提取内容不易完整。因此对于需要快速记住、马上需要使用的知识（如临时抱佛脚），或者只需要短时间内记得，并不需要长期记住的知识，地点定桩法都是非常好的选择。因为地点上的内容只要不复习很快就会被遗忘，所以一组地点只要留有时间清空，就可以反反复复使用。

其次，理论上只要我们拥有无限的地点，就可以利用地点定桩法记忆无限的知识，这一方法非常适合记忆体量特别大的知识，比如一整本书。因为地点定桩法在长期记忆上存在缺点就彻底抛弃它是没有必要的。我们可以兼顾地点法和理解法，将二者结合起来，让我们在提及某一个知识点时，自己脑中既有清晰的逻辑架构，又有地点上的画面辅助。理解法弥补地点法对知识掌握不足且易于遗忘的问题，地点法弥补知识框架难以记全、容易疏漏的问题。只要加以规律复习，我们就可以通过地点法记住书本完整的逻辑脉络和知识点数量，再用理解法去补足地点法对每一个知识点细节雕琢不清晰的问题，实现"1+1＞2"的效果。这个部分我们会在后续的篇章中更加详细地给大家介绍。

最后，掌握地点定桩法的出图技巧就能一定程度上解决遗忘速度快的问题。地点定桩法需要我们将知识点转化成图像，而实际上我们脑海中的图像和眼前看到的图像在我们大脑中的感知是不一样的，"如何在脑中呈现对大脑刺激更强的画面，帮助我们更好地记住知识"其实也是一门学问。不同的人对于图像的呈现方式有不同的倾向性，并没有所谓适合所有人的出图方式，但是通过不断地练习和摸索，我们就能找到与自己大脑最契合的出图方式。这部分内容更倾向于竞技记忆训练，与我们日常学习生活中使用的记忆方法有一定距离，我在过去出版的《不可思议的记忆秘诀》中，有更为详细的论述，此处就不再展开。我们在平日使用地点定桩法的过程中，只要能在脑中呈现上述例子中的画面质量，就足以应对大部分状况了。

接着我们继续来谈地点定桩法的第三个缺点，上手难度大。一方面，正如上文中提到的，想要更加精进地点法，需要进行脑中出图的技巧锻炼。另一方面，虽然理论上只要我们有无限的地点就能记忆无限的内容，但是无限的地点从何而来呢？这是需要我们一个个从自己现实生活中找出来的：自己的家、学校、公园、办公室等。并且在找出来之后我们还需要对它们进行整理归纳和定期复习，这些都需要我们在平时就做好准备，上手难度可谓是所有记忆方法中最大的一个。当然它在实际运用中发挥出来的高效率也配得上高的上手难度。至于什么时候使用，如何使用，就要看大家自己的意愿了。

下面就让我们来练习一下，使用记忆宫殿记忆知识点吧。

培养学生想象力的方法：

①引导学生学会观察，丰富学生的表象储备。

②引导学生积极思考，有利于打开想象力的大门。

③引导学生努力学习科学文化知识，扩大学生的知识经验以发展学生的空间想象能力。

④结合学科教学，有目的地训练学生的想象力。

⑤引导学生进行积极的幻想。

使用的地点：

序号	地点	图像	对应关键词	知识点原文

第二节　文段拆解的十八般武艺

在上一节中，我们学习了采用逻辑建构的办法来梳理知识点，通过理解的方式将原本零散的知识点组织成靠逻辑联系起来的板块，依据知识点一环扣一环的特点，只需要回忆起环节中的一个部分，就能一下子推理出完整的知识架构，进而大幅度降低记忆难度。

由于知识的种类繁多，梳理逻辑关系并不是一件简单的事情，如果我们具备较高的灵活性，能随机应变分析处理各种复杂的知识架构当然再好不过了。但是对于大多数人来说，面对繁复且形态各异的知识，要是没有几招硬功夫，想要拆解复杂的文段，有时就会陷入无从下手的局面。

为了解决这个问题，彻底学会使用逻辑建构法来高效地记忆知识点，我们接下来就一起来学习拆解文段的十八般武艺吧！

一　断章取义法

这里的断章取义并不是不顾全篇文章或谈话的内容，只根据自己的需要孤立地取其中一段或一句，而是在我们看到一大段密密麻麻的文字时，需要按照内容把它拆解开，拆分成一个个包含独立主旨的段落。将原本信息量大且错综复杂的文段拆解成一个个意义明确的部分，可以帮助我们厘清这段话到底都在说些什么，有了清晰的逻辑，我们记忆起来就会轻松很多了。

下面我们还是来看一个例子。

接受学习：

接受学习是在教师指导下，学习者接受事物意义的学习。在接受学习中，所要学习的内容大多是现成的、已有定论的、科学的基础知识，通过教科书或教师的讲述，用定义的方式直接向学习者呈现，使学习者接受这些已有的知识，掌握它们的意义。所以接受学习有时也称讲授教学。

这段话看起来非常长，尤其是第二句话包含了非常多的内容，因此我们平时在记忆这句话的时候，就会被它的信息量困扰，通常很难一下子记全所有的信息。这里我们需要对文段进行剖析，梳理清楚这一句特别长的句子到底在讲些什么。

我们回想一下自己过往上课学习的场景，是不是通常都能被概括为这样的一种模式：老师将要教的知识内容，用一定的教学方法传授给学生。在这个模式里面，有四个要素，分别是"教师""内容""教学方法"还有"学生"。有了这四个要素，我们再回头去看接受学习的这一段话，我们就会发现所谓的接受学习，不过是在描述在这种学习方式下，这四个要素分别是如何运作的。

要素	运作方式
教师	教师指导学习者接受事物意义
内容	现成的、已有定论的、科学的基础知识
教学方法	通过教科书或教师的讲述，把知识的定义呈现给学习者
学生	接受这些已有的知识，掌握它们的意义

大家拿着这个我梳理出来的表格，去对照上面的原文，是不是发现这段话通过这样的梳理清晰了很多呢？同样的道理，当我们在记忆其他的学习类型时，也可以使用同样的剖析方式，去拆解这四个要素在这种学习方式中到底扮演着什么样的地位，这样便可轻松地记下来了。

第七章
简答题原来要这样记

其实在学习教育学时，专门就有一个知识点讲述了教育的四要素（另一说法为三要素），但是当这四个要素藏在其他知识点里面时，却很少有人能直接看出来。即使学过四要素，大部分人依然会把"接受学习"当作一个全新的知识点记忆，没有将它和自己过去学习的知识串联起来。而我们想要提高自己的记忆效率，尤其是要背一整本书的时候，就需要一边学习，一边在自己的脑海中构建知识架构，不只是学习一个个零散的知识点，而是能依次将它们整理进自己的知识框架里形成一个整体，让每一部分的知识都能相互关联。这样一来，我们就形成了这一领域的知识素养，之后再记忆同一领域的知识时，只要有意识地调动自己的知识框架，想一想这个新知识应该放在自己知识框架的哪一个位置，可以和哪些知识联系起来，就可以轻松地记住新知识了。我们看到一些年长的老教授，由于记忆力退化，在学习生活中的新知识时，老是记不住，但是一旦涉及他们研究领域的内容，却往往看一遍就能记住，就是这个道理。

当然，这一要义叫作"断章取义"，我们不仅要能够凭借过去积累的知识素养来"断章"，也要锻炼自己的信息处理能力，应对各种从未见过的文段种类。最终练到不管一篇什么样的文段摆到自己面前，都能够将它们拆分开来。

补充一句，记忆法中非常重要的两个诀窍分别是知识的整合还有以熟记新。而前面的例子就很好地展现了这两点。我们通过将知识拆分，化为了四个要素，但如果这四个要素是毫不相干的，我们就需要采用特定的办法将它们联系起来，这也是上一节中我们重点讲述的内容（如故事法、定桩法），也就是知识的整合。在这道题中，这四个元素其实也是被一个很巧妙的场景，一个上过学的同学都能感知的校园场景，用类似故事法与逻辑法结合的方式整合在了一起。由于这个场景是我们所熟知的，我们就不需要再费工夫去记忆，反而可以借助它去记忆"接受学习"这个新内容，这就是以熟记新的妙用了。

看到这里，大家的眼睛肯定都学会了，但是我们的手到底学会了没有呢？请大家拿出笔和纸，我们一起做一做下面的几个"断章取义"练习吧！

自我效能感理论：

自我效能指个体根据以往多次成败经验，确认自己对某一特定工作是否具有高度效能，即人们对自己是否能够成功进行某一成就行为的主观判断。自我效能感理论的基本观点是：当一个人面对一项具有挑战性的工作时，能否主动地全力以赴，取决于其对自我效能的评估。当一个人面对一项具有挑战性的工作时，是否接受挑战并全力以赴，受到两个因素的影响：对工作性质的了解掌握情况；根据经验对自己实力的评估，即自我效能评估。

拆解分析：

分段	内容
定义	个体根据以往多次成败经验，确认自己是否能很好地完成某一特定工作
作用	影响一个人面对一项具有挑战性的工作时，能否主动地全力以赴
应用方式	和另一因素（对工作性质的了解）共同影响自己要不要全力以赴做事情

大家会看到在这一题中，我并没有直接照搬原文的内容，而是在理解文段内容之后，通过自己的语言，用更容易理解的方式重新呈现。而这也是记忆文段时非常重要的一点，能够在理解之后，用自己的话重新表达这一内容，意味着我们对这一知识已经具备了一定的了解，此时我们也更能够将自己的记忆建立在理解的基础上。

这道题分出来的三个论点，我们可以通过一个简单的逻辑将它们串联起来，帮助我们完整地完成记忆：当一个新的知识点出现，我们自然需要简单介绍一下它的定义；之后再进一步介绍它有什么用；结果在谈到它的作用时，我们发现它并不是单独发生作用的，它还有一个好伙伴，因此第三点就是补全它的好伙伴。这样一来，这三个分点就被联系成一个容易记忆的整体了。

最近发展区：

学生的发展有两种水平，一种是学生现有的发展水平，另一种是即将达到的发展水平，这两种水平之间的差异称为"最近发展区"，即学生独立解决问题的真实发展水平和在成人指导下或与他人合作情况下解决问题的潜在发展水平的差距。

拆解分析：

这道题有点特殊，它并不属于我们前面提到的标准拆分结构，实际上，它的后半句话是对前半句话的重新表述。因此我们需要做的并不是把它们拆开，而是把它们重新组合起来。

教师指导/同伴帮助　解决问题的水平

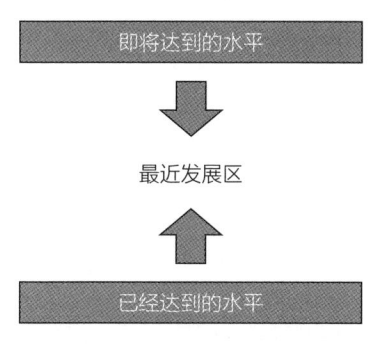

即将达到的水平

↓

最近发展区

↑

已经达到的水平

学生独立解决问题的水平

这样一来，原本因为文字版面被铺开的文字，就可以通过逻辑的重新建构,紧密地组合在一起,进而降低我们的记忆难度。

多元智能理论:

多元智能理论是美国心理学家霍华德·加德纳提出的。他认为,智力的内涵是多元的,人类至少存在八种智能,分别是语言智能、逻辑—数理智能、空间智能、音乐智能、肢体动觉智能、内省智能、社交智能、自然观察智能。每一种智能代表着一种区别于其他智能的独特思考模式,但这些智能之间是相互依赖、相互补充的。

拆解分析:

分段	内容
提出者	霍华德·加德纳
定义	智能是多元的
类别	语、数、英、史、地、生、音、体
智能间的关系	相互独立、相互关联

在一道特殊的题型之后,我们又重新回到标准的拆解文段环节。相信大家看完上面的表格,已经能够消化得七七八八了,接下来我们就来聚焦于一些小细节:多元智能的定义是智能是多元的,这看似一句废话,但正是因为它过于简单,我们在记忆的时候往往容易忽视,将其略过。但我们仔细地拆分清楚它的结构之后,就不会再遗漏了。

接下来,我们用八大学科作为桩子记住这八大智能,大家看看下面的表格,试试能不能想清楚它们是如何联系起来的。

学科	智能
语	语言智能

第七章
简答题原来要这样记

续表

学科	智能
数	逻辑—数理智能
英	社交智能
历史	内省智能
地理	空间智能
生物	自然观察智能
音乐	音乐智能
体育	肢体动觉智能

以上就是断章取义法的整体介绍，虽然看似很简单，但是我们想要真真正正地掌握文段的拆分方式，还需要在实践中多多练习才行。

二 逻辑图梳理法

我们常常会遇到一些文段，它们的句与句之间是有着很强的逻辑联系的，从句首到句尾可能包含着非常多的"因果""顺序"等逻辑关系。在这种情况下，相比于阅读以文字形式呈现的文本，将文字中的内容梳理后以逻辑图的方式重新呈现，能够让我们更清晰地看出句子间的关系，进而帮助我们更轻松地记住知识。前文断章取义法中"最近发展区"的例题，其实就是一个很典型的例子。

接下来就让我们再来看一个完整的例子，好好地理解一下逻辑图梳理法的应用方式。

替代性强化：

学习者如果看到他人成功的行为、获得奖励的行为，就会增强产生同样行为的倾向；如果看到失败行为、受到惩罚的行为，就会削弱一直发生这种行为的倾向。这样一来，对榜样行为的强化，通过学习者的观察、体验就可以转化为学习者自身的行为动机。

根据上述的文段，我们可以画出这样的一幅逻辑图：

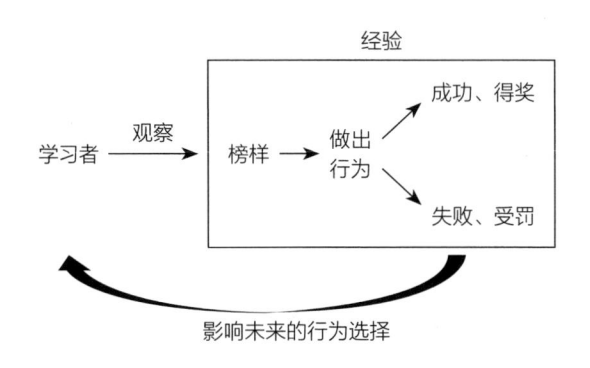

学习者 →观察→ 榜样 →做出行为→ 成功、得奖 / 失败、受罚（经验）→ 影响未来的行为选择

我们将这张图结合上述的文段一起阅读，就能很好地将二者紧密地联系起来了。另外，相信大家也注意到了，比起上述的文段，我们似乎更愿意阅读这个简易的逻辑图。而这种更想阅读图表的倾向性，当文字多起来的时候会更加明显。试想一下，我们需要对一整本书进行总复习，从头到尾阅读文字的话，我们需要把这段话完整地阅读完才能判断我们对知识的掌握情况，可是当我们看到的是一个个整理好的逻辑图，毫无疑问，我们的复习速度也会快上许多。

不过需要注意的是，由于文字信息是无穷无尽的，它们之间的逻辑关系亦是并不相同的，甚至于相同的一个文段，不同的学生依照各自的思路也能按照不同的方式进行梳理，因此我们确实没办法给大家呈现一个完整的逻辑图梳理方法论。接下来只能给大家介绍一些逻辑图梳理共有的特点，并通过案例给大家分享一些梳理思路。下面就让我们来学习一下逻辑图绘制需要注意的细节吧！

（1）**字数精简**。虽然并没有硬性规定每一个组块最多可以写几个字，但逻辑图能够帮助我们简化思维的要义也就在于它的字数少，让我们理解起来更方便。因此，密密麻麻都是字的逻辑框图就丧失了简化思维的功能。

（2）**线条清晰**。我们要善用各种线条：虚线、直线、箭头、矩形和圆圈……和字数需要精简一样，线条的使用同样需要精简，且尽可能不要交叉。试想一下，当各种线条无序地穿插在一起，我们是不是要找到哪两组信息相匹配都很费劲了？

（3）**逻辑缜密**。这也是绘制逻辑图的核心秘诀，梳理清楚文段的核心要义是什么、各个部分的知识点是如何串联在一起的、哪些部分的知识点是可以重合在一块的。尤其是信息体量大的长文段，更是要弄清各大板块之间是如何组合起来的。这些都是需要经过阅读、理解和思考才能实现的。

（4）**善用色彩**。在绘制逻辑图时，我们最常采用的还是白纸黑字的模式，但是当信息体量变大时，适当地采用不同颜色的线条或文字，可以给我们很明显的视觉冲击，有一种令人耳目一新的感觉，可以让我们更轻松地抓住信息的各个要点，让思绪更加清晰。但是我们也不能滥用各种颜色，颜色的使用是为了突出重点，如果一整幅五彩斑斓的画全都是重点，其实也就没有重点了。

接下来就让我们通过几个例子来学习一下逻辑图。

学习动机：

学习动机是引起和维持个体进行学习活动，并使活动朝向一定的学习目标，以满足某种学习需要的一种内部心理状态。学习动机具有激发功能、指向功能、维持功能、调节功能。

根据上文我们可以绘制这样的一幅逻辑图：

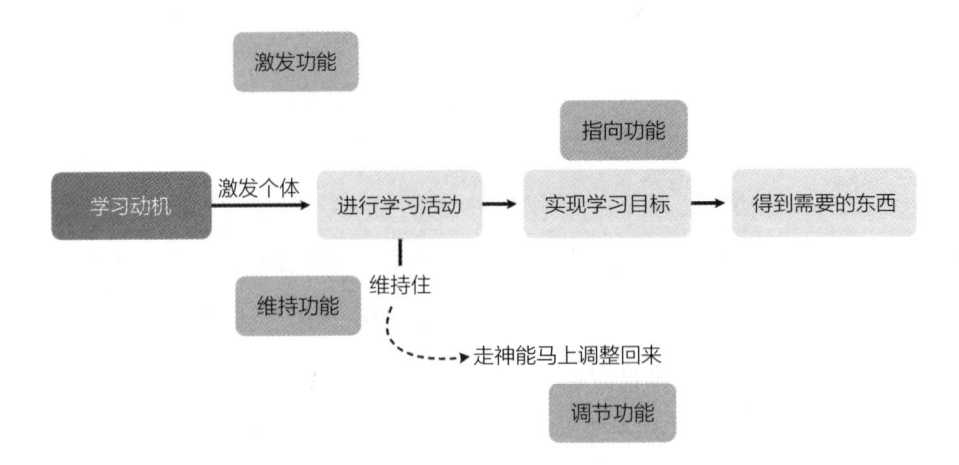

```
                    激发功能
                                指向功能
学习动机 →激发个体→ 进行学习活动 → 实现学习目标 → 得到需要的东西
                    维持功能   维持住
                              ┄┄→ 走神能马上调整回来
                              调节功能
```

尤里·布朗芬布伦纳的生态系统理论：

美国学者布朗芬布伦纳提出了生态系统理论，他认为个体的发展嵌套于从直接环境到间接环境相互影响的一系列环境系统之中。每一系统都和其他系统以及个体相互作用，影响个体发展的方方面面。它包括微观系统、中间系统、外层系统、宏观系统和时间系统等层次。

①微观系统：个体活动和交往的直接环境，如家庭、学校、同伴、社区。

②中间系统：微观系统之间，如家庭、学校和同伴群体之间的相互联系。

③外层系统：儿童未直接参与，但是会对他们的发展产生影响的系统，如父母工作单位。

④宏观系统：存在于上述系统中的文化、亚文化和社会阶级背景。

⑤时间系统：将时间作为研究个体成长的参考体系。

根据上文我们可以绘制这样的一幅逻辑图：

其实如果大家有接触过"Xmind""犀牛思维导图"等软件的话，就会发现逻辑图的呈现方式有非常多种，例如我们上述例子中的"替代性强化"和"学习动机"采用的就是流程图，而"生态系统理论"使用的则是圆圈图。除此之外，还有鱼骨图、时间轴等许许多多的逻辑图类型，像是我们上学时会用到的课程表，其实也是一种逻辑图。可以说，文本中信息的关系决定了我们使用什么样的逻辑图。

三 思维导图

说到思维导图法，相信大家都并不陌生，它是一种以可视化方式呈现思维和信息的工具，通常以一个中心主题为起点，向外发散出各个分支，每个分支代表与中心主题相关的一个要点或概念。分支上还可以继续细分出更多的子分支。

思维导图对我们记忆的帮助同样是凸显在理解上，通过思维导图，我们可以将一大段文字分门别类梳理清楚，从而厘清文段的内容。这看起来是不是跟上面的几大要义非常类似？它们的不同点就在于知识的整合方式。当知识架构较为复杂，包含了不同板块的知识时，由于知识之间的逻辑性不强，逻辑梳理法无法很好地发挥作用，但思维导图却可以处理这一点，将不同类型的知识梳理清楚。尤其是当涉及对一整本书进行梳理时，思维导图可以让我们快速了解书本的每一部分都在说些什么，每一章节之间有什么不同与联系，让我们更轻松地对这本书有一个整体的认识。就好像书本的目录，它就能起到让我们了解书本主要内容的作用，只不过思维导图的呈现方式会比目录更加直观一些。

和文字相比，思维导图具有以下的这些特点：

（1）**可视化**。将抽象的思维和信息以图像、线条、色彩等形式表现出来，更直观易懂。

（2）**结构化**。帮助整理和构建知识体系，使信息更有条理。

（3）**激发创造力**。鼓励联想和发散思维，有助于产生新的想法和创意。

（4）**提高记忆效率**。通过色彩分布和文字精简，更容易记住关键信息。

为了凸显思维导图和文字之间的区别，我将上述关于思维导图的介绍转化为了思维导图，大家可以相互对照，感受思维导图逻辑梳理的功效。

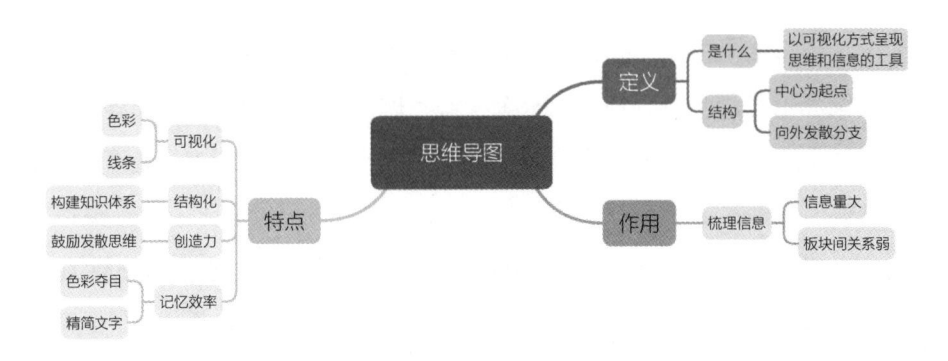

```
                                        ┌─ 是什么 ── 以可视化方式呈现思维和信息的工具
                            ┌─ 定义 ────┤
                            │           │           ┌─ 中心为起点
                            │           └─ 结构 ────┤
                            │                       └─ 向外发散分支
            ┌─ 色彩
            │
        ┌─ 可视化
        │   │
        │   └─ 线条
        │
        │   ┌─ 构建知识体系
思维导图 ─ 特点 ─ 结构化 ┤
        │   └─ 鼓励发散思维
        │
        │   ┌─ 创造力
        │   │
        │   │   ┌─ 色彩夺目
        │   └─ 记忆效率 ┤
        │               └─ 精简文字
        │
        └─ 作用 ── 梳理信息 ┬─ 信息量大
                            └─ 板块间关系弱
```

关于思维导图的学习要点和训练过程,我们在方法学习篇已经详细地给大家介绍过了,这边我们就不进行更详细的介绍了。接下来我们就通过几个例子来感受下思维导图在现实的学习中是如何应用的吧!

规划设计的主要目的:

①设计满足业务需求的IT服务。

②设计测量方法和指标。

③设计服务过程及其控制方法。

④规划服务组织架构、人员编制、岗位及任职要求。

⑤识别风险,并定义风险控制措施和机制。

⑥识别和规划支持服务所需的技术和资源。

⑦评估IT服务成本,制订服务预算,控制服务成本。

⑧制订服务质量管理计划,以全面提高IT服务质量。

根据上文,我们可梳理它们之间的逻辑关系,绘制思维导图(见第162页)。

在这个例子中,虽然我们将知识划分为了规划和设计两块,但由于这是一个完整的知识点体系,其信息复杂程度不高,因此在思维导图中,我们可以试图寻找知识点之间的关系,尽可能地在各个知识点间建立起紧密的联系,让我们有机会从标题一步步推导、回忆出完整的知识体系,而这也是思维导图和逻辑图的一种结合形式。

中国美术史之郭熙:

郭熙是北宋中期卓越的山水画家和绘画理论家,他的绘画成就及艺术见解在古代绘画史上占有重要地位。

郭熙,字淳夫,河阳人。善画,初无师承,后在临摹李成山水画中受到启发,笔法大进。

郭熙山水画有熟练的技巧和深厚的文艺修养,其绘画创作继李成、

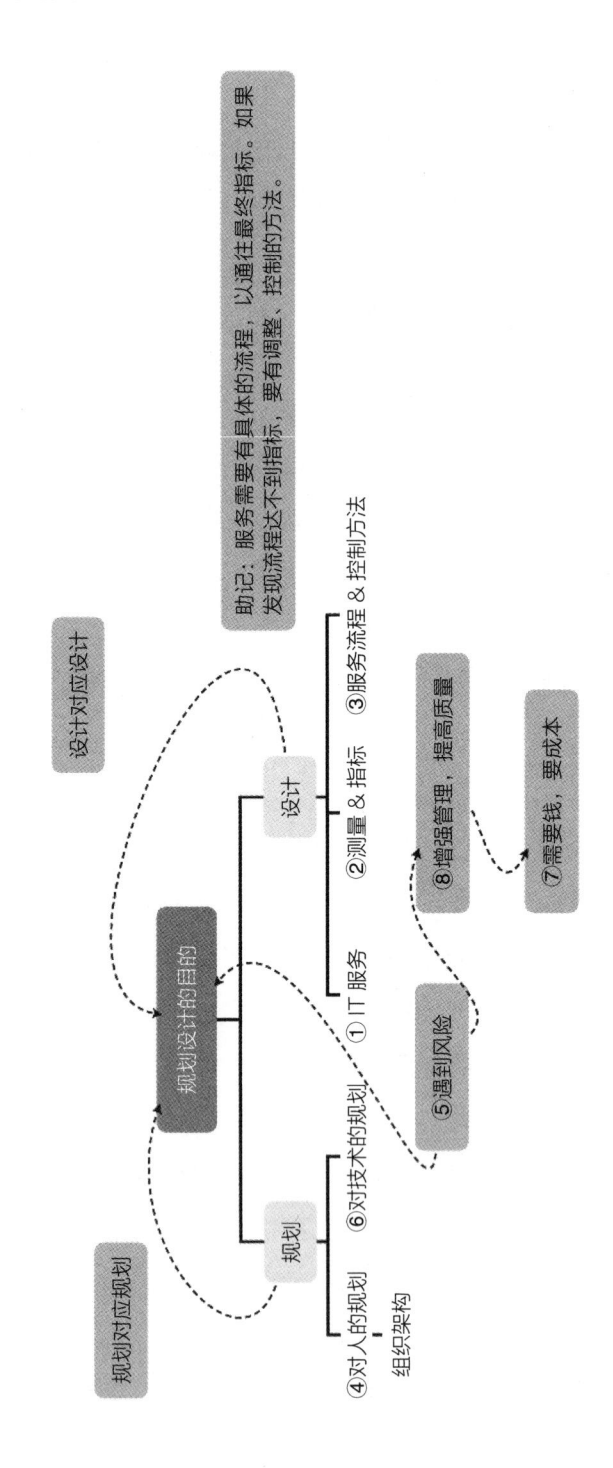

记忆高手
如何让考试和学习变得轻而易举

助记： 服务需要具体的流程，以通往最终指标。如果发现流程达不到指标，要有调整、控制的方法。

```
                    规划设计的目的
        ┌──────────────┼──────────────┐
       设计                          规划
        │                             │
   ①IT 服务                      ④对人的规划
   ②测量 & 指标                   组织架构
   ③服务流程 & 控制方法            ⑤遇到风险
                                  ⑥对技术的规划
   ⑦需要钱，要成本
   ⑧增强管理 提高质量
```

- 设计对应设计
- 规划对应规划

160

范宽之后，富有创造性。他深入体察生活，刻苦钻研画艺，初以细腻精致见长，后取李成之法自出胸臆，尤擅画大幅。他的画能够真实细腻地表现不同地区、季节、气候等的特点和微妙变化，画出"远近深浅、四时朝暮、风雨明晦"之不同。在宋前期山水画家不断努力并取得一定成就的基础上，郭熙的作品更加真实、具体、生动，更有强烈的感染力，而且虽年老而落笔益壮。但更重要的是，他非常重视在山水画中表露理想和情感，从而创造优美动人的意境。

郭熙的绘画作品流传至今的有《早春图》《关山春雪图》《窠石平远图》等。《早春图》是郭熙最具代表性的画作，此图成功地画出严冬刚刚过去、大地复苏的微妙变化：气候转暖，旭日初升，阳光照射在晨雾弥漫的山谷间，涧水在山间奔流，河已解冻，点缀渔夫、渡船和行旅的活动，画中充满生机。画家以富有层次的墨色和圆润的卷云皴塑造了雾气升腾、阳光浮动下的曲折蜿蜒的山势，形象地表现出"北方山野"的初春景色。此图章法严谨，生动自然，兼具高远、深远、平远之景，层次分明，画中虽无桃红柳绿的点缀，却已鲜明地传达出春临大地的信息。

《关山春雪图》和《早春图》画于同一年，画面雪峰直插天际，层峦叠嶂，覆雪皑皑；《窠石平远图》画秋季郊野平远景色，平凡的景物中蕴含着浓郁的诗意。

郭熙的山水既有李成的"毫锋颖脱，墨法精微"，又有范宽博大恢宏的气势，他还吸收了前人不少成果，兼收并览，广议博考，融会贯通，集其大成。更重要的是他一直坚持从自然中吸取形象素材，因而最终自成一家。在绘画史中他与李成并列，成为"李郭画派"。

郭熙的绘画主张经其子郭思整理成《林泉高致集》一书，系统而深刻地阐述了郭熙对于山水画艺术的见解。全书共分《山水训》《画意》《画诀》《画题》《画格拾遗》《画记》六篇。前四篇为郭熙艺术论述，《画格拾遗》记述郭熙的一些画迹,《画记》系郭思追述郭熙受神宗宠遇及宫廷中作画史实,是研究郭熙生平及宫廷山水画创作的重要资料。

《林泉高致集》强调画家对自然景物的观察研究,文中不仅阐述了自然山水体貌结构的规律及其在四时、朝暮、风雨、明晦中的变化特征,而且特别强调画家如何去发现和塑造山水的优美艺术形象:"山形面面看""山形步步移",自然景物会因角度不同而呈现千姿百态,画家应选取动人的景色加工提炼,经过反复酝酿以造成富有理想和情趣的意境。书中还列举了一些诗歌摘句,有助于画家从中受到启发,产生意境新奇的构思。郭熙强调画家要有丰富的修养和严肃认真的创作态度,只有"所养扩充""所览淳熟""所经众多""所取精粹",才能克服作品中的诸种毛病。他对山水画的取景与结构、细部与整体之间的关联,笔墨与色彩的运用等方面也都有具体论述。对山水画中的"三远"(高远、深远、平远)和四时山水景物变化的论述,至今仍然被人们所传诵。

根据上文,我们可以绘制出一幅思维导图(见第 165 页)。

这个例子可以说是对思维导图如何拆解长文段进行了一个非常详细的示范。一个约 1200 字的长文段,通过我们提取关键信息、信息重组分类变成了一幅简单易懂的思维导图。在此之上,我们还结合断章取义法梳理《林泉高致集》的内容;运用联想记忆法辅助记忆《林泉高致集》的六篇,帮助我们解决一些并列式知识;采用虚线串联起文中相互呼应的逻辑链条。在学习完技巧篇的思维导图部分之后,我们也可以试着分解这一文章,自行绘制一幅思维导图,然后与上图进行比对,这样我们就会对思维导图的使用有更深的理解了。

最后需要跟大家强调一个常常被忽略的重点:思维导图的关键不在于导图,而在于思维。很多同学虽然使用了思维导图梳理知识,但是依然得不到很好的记忆效果,这是因为他们将重心放在了导图制作上。实

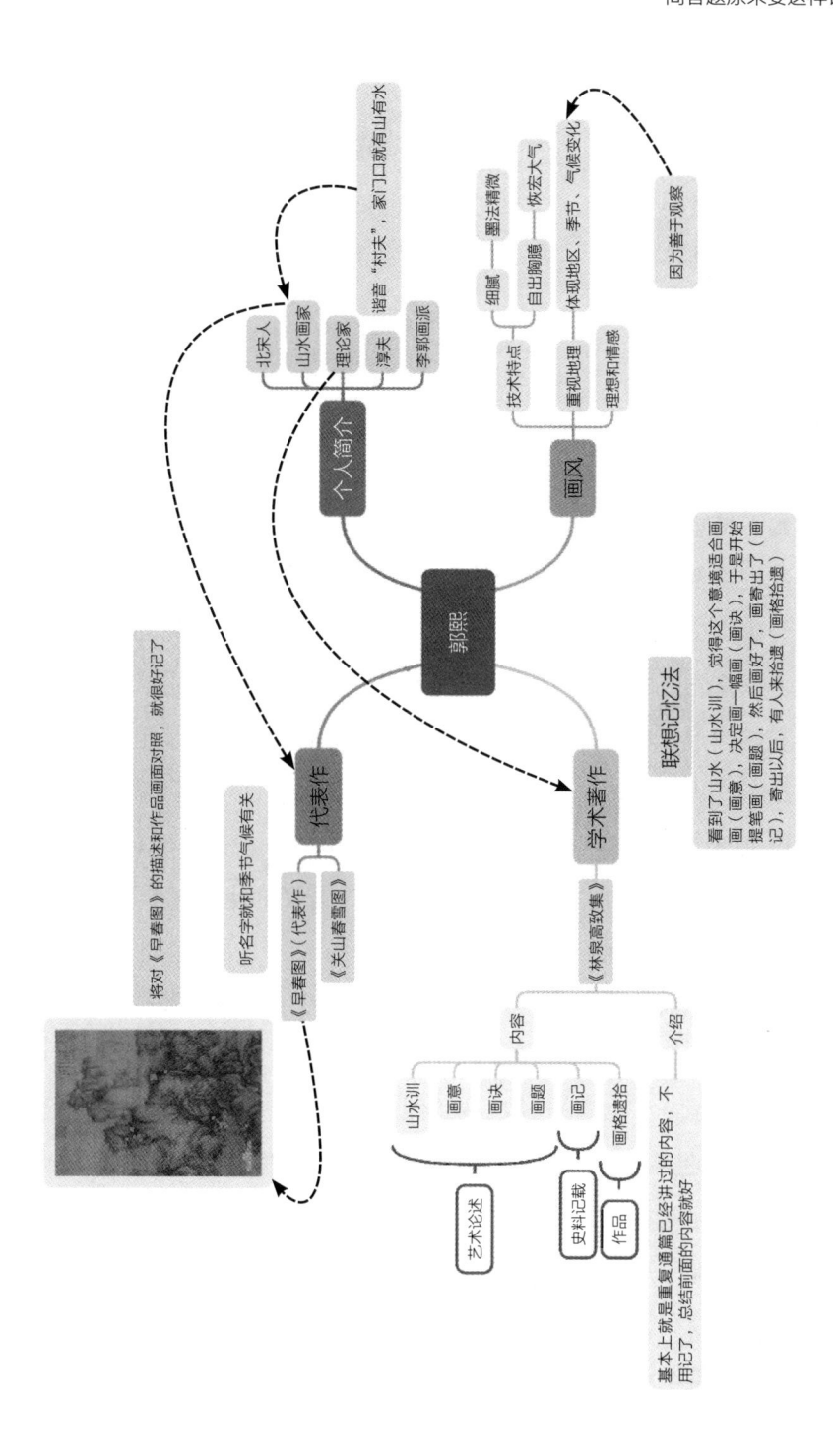

第七章
简答题原来要这样记

郭熙

个人简介
- 北宋人
- 山水画家
- 理论家 —— 谐音"村夫",家门口就有山有水
- 淳夫
- 李郭画派

画风
- 技术特点
  - 细腻 —— 墨法精微
  - 自出胸臆 —— 恢宏大气
- 重视地理 —— 体现地区、季节、气候变化 ←—— 因为善于观察
- 理想和情感

代表作
- 《早春图》（代表作）—— 听名字就和季节气候有关
- 《关山春雪图》

将对《早春图》的描述和作品画面对照,就很好记了

学术著作
- 《林泉高致集》
  - 内容
    - 山水训 ┐
    - 画意   ├ 艺术论述
    - 画诀   ┘
    - 画题 ┐ 史料记载
    - 画记 ┘
    - 画格拾遗 —— 作品
  - 介绍

基本上就是重复通篇已经讲过的内容,不用记了,总结前面的内容就好

联想记忆法
看到了山水（山水训）,觉得这个意境适合画画（画意）,决定画一幅画（画诀）,于是开始提笔画了（画题）,然后画好了,画寄出了（画记）,寄出以后,有人来拾遗（画格拾遗）

际上导图不过是我们思维呈现的载体。为什么我们要这么划分知识板块？大到每个板块，小到每个知识点是如何联系起来的？它们的联系逻辑是什么？这些才是我们最应该重视的。也只有做到这一点，我们才能真正做到依靠思维导图来实现高效记忆。

四 总结

在阅读完这一节，尤其是仔细分析了所有的例题之后，相信大家对于"知识梳理"这一概念一定有了更为深刻的认识。当拿到一篇文章之后，我们需要通过浏览和阅读大致地了解文章的意思，再通过"断章取义法"解构文章的细节。对于信息较多、知识点间关系密切的文章，我们就可以在此基础上选择使用"逻辑图法"或"思维导图法"进行梳理，从而在脑中形成更清晰的知识架构。如果我们需要进一步记忆的话，可以采用前文出现过的一系列联想记忆法构建知识点间的联系，最终实现对知识点的完整记忆。而这就是我们记忆大篇幅文段的一般套路。

在前文的例子中，我们不难发现这三个要义的使用并不是"三选一"模式，恰恰相反，我们往往需要使用其中的两三个要义，才能应对较为复杂的文段。而这样的信息处理能力，往往并非孩童能够具备的。即使是成年人，想要很好地掌握这几个梳理文段的技能，也需要通过不断练习才可以做到。不仅如此，虽然绘图的过程也是我们构建知识的过程，在绘图完成之后很多知识也就记住了，但是绘图耗费的时间着实不短。因此我们在平日的学习中，可以直接使用他人整理好的思维导图或者逻辑图辅助我们记忆。在如今互联网发达的年代，我们可以通过辅导书、视频资源、文件资源等诸多形式，获取我们需要的思维导图。条件允许的话，我们甚至可以使用AI帮我们针对性地绘制思维导图，这样也能显著地提高我们的记忆效率。

当然,如果我们有需要的话,也可以利用平日里的学习材料进行练习,逐步锻炼我们的思维能力、归纳能力和各种思维导图的绘制技巧,来帮助我们更好地掌握这项技能。

第八章 背一本书的终极奥义

第一节 把握背书的心态

一 行动开始前

在学习了这么多的记忆方法与技巧之后，我们终于来到这一部分，这个令人看到就头大的部分：背下一本书。可能有的同学看到这里就开始害怕了："一整本书！我怎么做得到？"所以在教学开始之前，我先来问大家一个问题：背一本书真的很难吗？

这时候大家肯定也会想到：要分情况。没有错，背一本书到底难不难首先得看这是一本什么样的书，是只有几页纸的儿童读物，还是厚厚的《现代汉语词典》。对于大多数有背书需求的同学来说，其实我们最常需要背的情景应该是要应对考试。而在大多数的考试中，我们并不需要把一本书一字不差地记下来，我们只需要记住这里面的核心知识点就好了，甚至大多数的考试，我们只需要能够以自己的语言表述出对应的意思即可，不需要一字不错地默写。而这种程度的背书，能够做到的人可太多了。现在考研考证的群体，需要记下来的大概率不只是一本书，是好几本书。既然这么多人都可以做到，那就说明这不是一件做不到的事情，而是一件大多数人都能完成的事情。

当然，大多数人能完成并不代表它简单。我们有时候在网上看到一

第八章
背一本书的终极奥义

些同学分享自己两三遍或者几天记住一本书，然后就被深深地震撼了：这些家伙是怎么做到的？同样是人，我们怎么差距这么大？其实大家根本就不需要被这些消息吓到，对这些内容信以为真只会徒增我们的焦虑。发这些文章的人要么在偷换概念，要么在夸大事实，更有甚者就是在吹牛。背下整本书根本没有这么简单。我可以很笃定地告诉大家，即使是编写这本书、分享了这么多记忆方法的我，也无法做到随随便便、轻轻松松地就记住一本专业教材。我们只要从头到尾将书学一遍，就能大概了解这本书到底有多少知识需要记忆，根据自己过往的背书经验，我们就能知道正常人背一本书要多久。即使其他人的记忆力比我们好一点，这个"好"也是有限度的，有些超出限度的事情就是不可能的。因此我们在背书之前一定要放平心态，不要产生"怎么别人背得那么快，我是不是太笨了？"的想法。

当然，背下一整本专业课教材虽然没有很简单，但其实也没有那么难。我们要客观地认识背书的难度，它是一个我们需要付出努力，但只要往正确的方向使劲就能完成的任务。背书的难点一个是"多"，另一个是"会遗忘"，我们要有这样的心理预期："书的内容挺多的，我需要一段时间来进行学习和记忆，才能把它掌握。"只要有了预期，就可以一定程度上克服"望而生畏"的恐惧感了。背书其实并没有那么难。

在此基础上，我们再掌握了背书的技巧，拿到一本书，大致看了一遍之后，就能胸有成竹，构思出大概的背书规划：需要多少天、每天大概要花多久、需要使用些什么方法。如果过往已经有了一些成功背书的经验，就更不会再为"我到底行不行"而担心了。

二 背书过程中

由于一本书的记忆量很大，往往不是一两天就能记完的，我们通常会用一段较长的时间来记忆。而在这个过程中，我们的心态也会发生很多变化，从最开始的斗志昂扬，到中途的疲惫不堪——"怎么还没结束"，再到后期的冲刺阶段——"就剩最后一点了"。其中最难熬的莫过于中间阶段。由于前面记忆的内容开始出现遗忘，我们光复习就需要花费好多时间，留给我们记忆新知识的时间根本不够完成目标任务，每天都要面临时间分配的抉择问题，应对遗忘给我们带来的挫败感："我花那么多时间记忆，结果全都忘记了，努力都白费了。"不少内心不够坚强的同学会在这个阶段被压力压垮，有的失声痛哭，有的甚至直接放弃。

但其实这些状况都是背书过程中的正常现象，人类的遗忘机制让我们确实就是会忘记东西，所以我们并不需要为此而难过，这只不过是背书过程中再正常不过的事情而已。虽然我们每次记完新知识，过了一段时间都会忘记，但是只要我们在学习的时候，真切地消化了这些知识，我们就会发现，每一次复习我们所需的时间都会缩短，我们对知识的掌握就是在一次次的复习中逐渐提高的。因此，坦然接受自己会遗忘的现实，让心态回归平和，我们就能更好地度过这个最为煎熬的阶段。

三 完成背书后

当我们完成第一遍背书后，有时候会遇到这样的状况：我明明背完了，怎么好像完全没背过？明明每个知识点都有印象，但要自己背的时候却说不出一句完整的话。当我们遇到这种情况时，有时就会陷入深深的绝望，尤其是有时间限制时（例如还有一个月就要考试了）。但实际上这是一种非常正常的现象，我们并不是啥都没记住，只不过是随着时间推移，我们的记忆开始变得模糊不清了，而这个模糊不清的程度，恰恰就是我们直接回忆无法想起来，但是看书之后立刻能反应起来自己背诵过的程度。所以我们并不是真的把知识全都忘光了，我们的努力是没有白费的，那些残存在脑海中的印象会随着复习快速被激活。哪怕我们用了一个月的时间完成了第一遍背诵，但印象很浅，此时距离考试只剩下一个月了，我们也不需要担心。其实我们只需要再花一个星期完成第二遍高质量的背诵，或者再花 4 天完成第三遍背诵，就能较为扎实地记住书本的内容了。随着复习遍数的增多，我们的复习速度会越来越快，甚至到最后熟练度达到一定程度，只需要一天就能把整本书复习一遍。

第二节　做好背诵规划

一　建立对书本的整体认识

有些同学在背书的时候，不管不顾直接翻开书本的第一页就背起来了，这其实是一个非常不好的习惯，因为这并不利于我们对书本的知识建立一个整体的认识。如今的考试越来越要求我们能够灵活地运用自己背诵的知识，而不仅是做一个默写机器。这也就要求我们把握对书本的整体认识，知道书本的每一个板块在讲什么，板块之间有什么联系，哪些知识之间是存在联动的。有了这些概念再去背书，我们才能更清晰地知道自己在背什么。这种对知识了解的通透感，不仅对理解知识和灵活运用知识有帮助，对我们的背诵同样有非常大的帮助。

而建立知识整体认识的最直接办法就是学会看目录。我们不仅要通过目录简单地了解每一部分知识是什么，更要在此基础上去思考每部分知识之间的关系，为什么教科书要这么划分单元。下面我们就拿《教育学原理》这本书来举例子：

章节	内容
第一章	教育及其产生与发展
第二章	教育与社会发展
第三章	教育与人的发展
第四章	教育目的与培养目标
第五章	教育制度
第六章	课程
第七章	教学
第八章	德育
第九章	教师与学生

接下来我会给大家讲述我在看到这样一份目录之后的思考过程，请大家跟着我的思路一起思考，尝试掌握这种剖析目录的思维方式，并将它运用在自己需要背诵的专业课本中。

看到第一章，我们会想到这一章主要是讲述教育的定义是什么，以及它的发展历史。如果我们把"教育"当作是一个人的话，这一章主要是在讲它自己的事情，属于理论知识的范畴。

第二章在第一章的基础上，开始讨论教育与外界的联系；第三章则是讨论教育与它的实施主体，也就是人的关系。这两章组合起来，实际上讨论的就是"教育与它的朋友们的关系"，这些同样属于理论的范畴。

到目前为止的三章联系在一起，主要是给想要了解教育的人铺垫一个背景，让学习者对教育这个东西本身有一定的基础认识。但将它放在一个衡量你教课能力的考试里面，跟后面的篇章讨论教师的实际教学能力比起来，它肯定不会是重点。

第四、第五、第六章，讨论的内容从理论知识转移到了宏观的现实生活，讲述的是一些国家层面对教育的管理，诸如开设哪些学科，开设的目的是什么，对学生学完之后需要达到什么样的程度做出规定等。这些同样是我们需要掌握的背景知识。

到了最后的三章，画风突然一变，开始讨论一些跟教育实践相关的内容，包括我们要怎么教学，有什么步骤和方法，并在此基础上对最为强调的德育专门开设一个篇章进行讲述。第九章则是讨论一些教学之外的教师与学生之间的事宜，诸如班主任工作，教师的行为规范，教师和学生的相处模式等。倘若是一个重视教师实践能力的考试，那这一部分更可能是考试的重点。

整体来看，书本主要分为了三个部分：教育的背景知识、宏观的教育规划和微观的教育实践。这样一来，我们就对书本的内容有了一个较为清晰的认识，也知道了自己要重点学习的部分，也就可以更好地安排自己的背诵重心了。

二 制订背书计划

背书计划大致包括以下几个方面的内容：第一，我有多少时间背这本书；第二，我需要背多少遍才可以记住；第三，我每天花多少时间，用什么时间来背书；第四，我要使用些什么样的记忆方法；第五，我要怎么规划复习安排。

一本纯文科的书籍，通常情况下我们留出一个月以上的时间来进行学习和背诵会比较稳妥，每天的学习压力也不会太大。由于最开始记忆的时候，我们没有太大的复习压力，背诵的内容往往会比较多，但是随着进度不断推进，我们开始需要兼顾记忆新知识和复习旧知识。有些同学会因为记忆新知识有推进任务的成就感，但是复习旧知识却需要面对遗忘的挫败感，而选择不怎么去复习，每天都投入记忆新知识的过程中。但这样的想法其实是不对的，我们的最终目的不是获取每天记住新知识的成就感，而是在系统地学习之后真真切切地记住一整本书的重要知识。因此我们需要让自己去沉淀下来做好复习的工作。

通常来说，我们制订背书计划之前需要先通过第一天的背诵，了解记忆书本知识的大概难度和每天可以背诵的知识量。假设我们第一天花了 3 小时记忆了 10 页书的内容（由于书本的知识点难度不相同，我们无法彻底量化，所以可以用页数来代表背诵量），那我们就可以把每日的背诵量定为 7~8 页，也就是第一天记忆量的 80%。当然，这个具体的记忆数量，还是要视当天的状态和知识点的难易程度而定。有的时候遇到一些较为棘手的知识，我们确实得花更长的时间记忆。

背书的具体方法其实在前面的篇章中我们已经做了相当完整的论述。由于一本书的体量非常大，我们最好不要从头到尾仅仅使用一种方法进行记忆，而是要灵活地使用前面介绍过的诸多方法，根据特定的题型和知识点的具体内容选择合适的方法。通常来说最为好用、记忆知识最为牢固的办法是记忆宫殿。专业教材的记忆其实说到底是对若干知识点的记忆，知识点的数量众多，想要通过一个完整的逻辑串联起所有的知识点是较为困难的，而记忆宫殿法可以帮助我们在不构建完整知识逻辑的前提下，一个不落地记住所有的知识点。

假设我们每天固定用来背书的时间是 3 小时，那在每天开始背诵新知识之前，我们需要花半小时左右进行复习。对于复习规划，我们没有必要完全遵循艾宾浩斯遗忘曲线的规律，因为那样的复习频率实在太高了，非常影响我们的记忆效率。我们的核心目标是在清晰地记住知识的前提下，尽可能地减少时间投入，所以太高频率的复习并不符合我们效率最大化的原则。相较之下，大家可以参考我整理出的复习规划：

第一步：每个知识点在完成记忆之后，都要先在没有提示的情况下进行复述，确定自己完成完整的记忆之后，才可以推进到下一个知识点。

第二步：在我们完成当天的记忆任务之后，需要将当天的记忆内容整体复习一遍，确定自己在不看提示的情况下，可以背出当天记忆的全部内容。

第三步：每天记完的内容，我们需要在第二天开始记忆新内容之前，完整地复习一遍。对于出现遗忘的部分，不能采用死记硬背的方式强行记住，而是要去回顾我们第一遍记忆时应用的记忆思路（逻辑梳理、联想记忆法等），确保自己的记忆是建立在对知识掌握的基础上的。

第四步：每部分知识，都需要连续复习两天，也就是在第一次记完知识后的第三天，我们需要再复习一遍。这一遍记完，我们基本上就确定自己对知识的掌握状况了。此时绝大部分的知识我们都已经很清晰地记住了，只有小部分知识或许还有欠缺，对于确实有遗忘的部分，我们需要增加额外的次数去强化。

第五步：在完成第四步之后，我们间隔五天再进行一次复习。这个阶段我们会发现有些我们原以为记牢的知识再次出现了遗忘，这是非常正常的现象，也是我们开展第五步复习的原因。通常这一次的复习时间会比较长，由于还要兼顾其他知识的复习，当天的复习时间可能会远超半小时的时限，我们也可以相对压缩记忆新知识的时间，去减少当天的工作量。

第六步：一般来说，一本常规体量的教科书，我们需要15~20天的时间完成第一遍的记忆。这个时间跨度对于大部分执行了前面五步复习进度的同学来说是很游刃有余的，前面记过的知识还能在我们脑海中保存一个较为清晰的印象。或许最先记忆的部分内容会出现一些遗忘，但整体来说依旧是一个只需要快速复习就能重新捡起来的状态。所以我们可以等到完成了第一遍的记忆之后再进行整体的复习。在这一阶段中，如果发现了记忆情况不甚理想的内容，我们需要把这一知识的标题和所在页数记录在一个统一的地方，方便我们后续做针对性的复习。

第七步：完成了上述的整体流程，就可以确保我们在一定时间内对这些知识具备较好的掌握水平了。但是假设考试要求我们背诵的不是一本书，而是好几本，那我们较先记忆的书，由于时间的间隔，不可避免还是会遗忘，这是非常正常的现象。假设我们在执行第六步的复习时，能感觉到自己对知识的掌握是比较好的，那我们完全可以等到所有的书本记忆完毕（大约 5 本），再回过头来对所有的书籍进行整体复习。等我们间隔大约 3 个月回过头重新来复习第一本书的知识时，我们通常需要 5~6 天就能快速恢复对知识的记忆。需要注意的是，和前几次复习时我们只需要看到标题去回忆内容不同，这一次由于时间间隔太久，我们需要先重新学习一遍书本，恢复对知识的熟练程度，再进行背诵。

三 特殊情况

有些时候，持续的背书会让我们产生一些疲惫感，或者我们会因为什么特殊的事情中断复习计划，再加上每个人的记忆习惯都有其特殊性，我们并不需要完全遵循定好的时间规划，可以根据自己的实际情况做一定的调整和进行适当的休息。有些时候（尤其是经验较少时），我们定下的计划可能是不合理的，任务量可能会偏大或者偏小，这时我们不能一味遵循原先的计划，要学会根据自己的实际情况调整整体规划。

基于以上的步骤，我们可以制作一个复习时间规划表（见第 177 页），

第八章
背一本书的终极奥义

天数/知识点	P1~P10	P11~P20	P21~30	P31~P40	P41~P50	P51~P60	P61~P70	P71~P76	P77~P82	P83~88
DAY 1	∨									
DAY 2	∨	∨								
DAY 3	∨	∨	∨							
DAY 4		∨	∨	▓						
DAY 5				▓	▓					
DAY 6					▓	▓				
DAY 7						▓	▓			
DAY 8							▓	▓		
DAY 9	▓							▓	▓	
DAY 10		▓							▓	
DAY 11			▓							▓
DAY 12			▓	▓						
DAY 13				▓	▓					
DAY 14					▓	▓				
DAY 15						▓	▓			
DAY 16							▓	▓		
DAY 17								▓	▓	
DAY 18									▓	▓
DAY 19					▓	▓				
DAY 20							▓			
DAY 21									▓	
DAY 22										▓

需要复习的板块使用深色的格子，完成的记忆内容就在格子里打钩，这样我们就能很清晰地知道自己的时间规划，也就能更好地坚持我们的记忆计划，不容易产生焦虑感了。

第三节　灵活地运用各种记忆方法

在前面的篇章中，我们已经谈到了非常多的记忆方法，这些方法已经足以支撑我们完成对大部分知识的记忆了。但是方法想要发挥出减轻我们记忆负担的作用，还需要依靠我们灵活地使用才行。

首先是理解法，这是背书的核心，我们已经在本书中强调了非常多次，只有理解了书本的内容，背书这件事情才具有实际的意义。对于不明白的内容，我们需要先通过查找相关的文献或者请教他人来弄清楚知识的核心，再进行记忆。在理解的过程中，尤其是通过逻辑梳理工具来理解知识的过程中，其实我们就已经能记住很多的知识点了。

其次是地点定桩法，这是一个能帮助我们以书为单位背诵知识的非常重要的办法。在实际背书的过程中，我们会使用到非常多的地点，往每个地点上储存的信息也各不相同，因此对于地点内容的遗忘，往往会给我们的背书增添非常多的额外负担，对此我们需要知道几个额外的要点。

1. 需要大量的地点

书本知识的记忆，如果使用记忆宫殿的话，往往需要成百上千个地点才能完成，这对于普通的学习者来说是一件非常困难的事情。

2. 控制地点上的图像数量

有时候我们会选择在一个地点上放置更多的内容来弥补地点数量不足的问题。在一个地点上放置太多的知识图像，我们在第一次记忆的时候，确实可以比较好地记住，但随着记忆量不断增加，大脑对图像的敏感程度也会不断下降，太多的画面堆积会让我们的记忆效率大打折扣。在复习的时候，常会出现大面积的图像被遗忘的情况，且图像代表的关键词和关键字之间的逻辑也会无法想起。因此，精简图像数量是非常有必要的。我们要尽量节省关键词数量，尽量少使用地点法记忆知识点内部的具体内容（因为知识点内容的关键词非常多），尽量仅靠它来记忆知识点目录清单。

3. 结合其他记忆方法

为了减少记忆宫殿背负的重担，我们要紧密地将记忆宫殿和其他的记忆方法相结合，用其他的记忆方法来记住知识点的具体内容。

4. 记录地点上的具体内容

为了避免遗忘地点上的图像与情节，以及图像代表的关键词，我们需要在每个知识点上标注出关键词，并在书本对应位置附近的空白处（在电子产品上也可以）写上使用的地点名称，标明每个关键词对应的图像，并用文字或图的方式简单描述地点上图像间的联系方式。这一点在战线拉得很长的背书过程中，尤为重要。

要善用谐音法，谐音法比起记忆宫殿法和故事法等可以独当一面完成对一整道题记忆的方法，更像是一个辅助性的方法。它可以与任何其他记忆方法相结合，辅助其他记忆方法更好地发挥作用，例如记忆宫殿就需要我们将信息通过谐音的方式转化成具体的图像，进而完成记忆。

在这个过程中，我们要明确一个核心要点：谐音联想和理解记忆法并不是一个二选一的问题，它们是可以组合起来，联合发挥作用的。例如我们提到非常多次的"1857年印度民族大起义"的例子。

此外，无论联想还是理解，其本质不过都是建立起知识之间的联系，这也是我们不管使用任何方法都逃不出的终点。即使是机械记忆，不断地重复背诵，知识也是以肌肉记忆的方式联系起来的。因此，把握建立知识之间联系这一核心要义，可以让我们更好地理解后续我们学习的一系列内容。

第四节　记忆方法是一个辅助的支架

有同学会抱怨：我直接记忆信息就只需要记住信息内容即可，可在加入其他的记忆手段之后，我的整体记忆信息量实际上增加了很多。这一点尤其体现在复习的过程中，随着我们对知识的掌握不断加深，那些辅助我们记住知识点的额外信息就显得有些累赘了。例如我们已经一看到"1857"就能想起"印度民族大起义"，不再需要"一把武器"这个额外的助记支架了，反而每次都需要去回忆支架会变得特别费时间。如果你也遇到这种情况，那么恭喜你，对于这部分的知识你已经有了非常深入的掌握，而作为辅助支架存在的助记信息也就可以被抛弃了。这也是记忆法一个很少被提及的内容。

太多的记忆方法教学都在强调初次记忆应该怎么记，而不教大家如何处理已经被记住的信息。诚然这是市场需求的结果，但在实际应用中，尤其是以书为单位进行背诵时（除非你需要做到抽背，例如精确地记住书本第几页第几行是什么信息），抛弃我们不再需要的记忆支架显得尤为重要，这是一个给我们的记忆减负的过程。

当一个知识需要长期记住，也就是需要多次复习的时候，这个知识就在被我们不断强化与重复。我们第一次记忆时，使用的联想其实就好比骨折的时候安上的固定支架，能够帮助我们建立知识的联系，但在重复的复习过程中，知识之间的联系慢慢建立起来，支架也就不再需要了，知识是怎么联系起来的就变得不重要了。

那为什么我们一开始需要支架呢？因为它可以帮助我们在最开始学习的时候，更快地吸收知识，搭建知识框架。当我们学了一定的内容，建立了足够的图式，我们学习起来就会更有章法。初次将知识记住之后，复习起来其实就相对比较轻松，往往第一次背是最难的，联想相当于简化了第一次背的难度。

第五节　把握知识真正的核心

什么样的信息是可以被抛弃的，什么样的信息又是不能被抛弃的呢？请大家回想一下，在期末考试前临时抱佛脚，用了很短的时间把所有的知识都记住了，这些没经过深入吸收的知识，是不是考完之后不久就会全部忘掉？如果你的背诵方法比较重视知识架构，即使很多具体内容你已经忘记了，但只要整体架构还记得，在需要的时候，也能很快捡起来。所以对于成体系的内容来说，搭建骨架是最重要的，而一个个单独的知识点，其实就是血肉。即使这些血肉被忘记了，你脑中有完整骨架，也能知道在需要的时候去哪里把它找出来，让血肉重新长出来。

人脑并不是电脑，不可能一直记得所有的信息，这并不利于我们学习效率的最大化，因此实际上我们只需要知道一些具体的概念，只需要清晰地记得当前常用的知识就好了。对于并不常用的储备型知识，我们只需要做到在我们突然间需要它们时，能够迸发"我之前学过这个东西""它大概是在说些什么""我可以在哪里把它找出来"等念头就足矣。

以上就是背下一本书的终极奥义，很多的心得大家只有在实际应用的过程中才能真正体会。如果你有背书的需求，除了在正式开始之前把这章阅读一遍，在背诵的过程中，也可以时时回看这一部分，相信有了实际的操作经验之后，你就能收获更多新的感悟。

第九章　必看的系统性记忆方法论

在前面介绍了那么多的记忆经验和记忆方法之后,在本书的最后一章,我们结合全书的精华内容进行最终的汇总,帮助大家构建起对记忆的整体认识。如果大家能把握好这一章的内容,未来在面对记忆任务的时候,就能有清晰的章法依循,可以有条不紊地完成我们的记忆任务。

我们在记忆中常遇到这样的一些问题:"无论如何就是记不住""记完一下子就忘记了""知识点老是背不全""明明都记得,就是想不起来"。这些说到底就是"记""忆"还有"提取"的问题。为了解决这些问题,我们需要更加系统地了解我们平时的背诵到底应该如何进行,接下来我们会分为"行动分析""制订计划""执行计划"和"复习要领"四个板块,来进行详细的介绍。

第一节　行动分析

当我们接到一个记忆任务时,千万不要着急开始背诵,而是要将行动分析放在首位。所谓的行动分析,不仅是对我们需要记忆的材料内容进行分析,还要对内容以外的事项进行分析:

一 自身分析

比起我们要记忆的材料，身为记忆的主体，对自身的具体情况有一个清晰的认识更有利于我们完成记忆任务。不同人的记忆习惯和思维方式各不相同，只有更了解自己，才能制订出更具有可行性的记忆计划。

1. 身体状况

首先我们要了解自己的身体状况，例如我们的身体会在什么样的室温中感觉更加舒适，更能进入专注的状态；自己当前的精神状态是否能进行高效的记忆，会不会被亢奋或疲惫所影响；自己的心态是否稳定，自己在什么程度的紧张焦虑中能够很好地完成记忆任务。这些都是我们需要考虑的事情，若自己当前的身体状况不是最佳状况，要有意识地进行调整。

2. 记忆偏好

记忆偏好同样是一个因人而异的事情，想象力强的学习者偏向联想记忆法，逻辑性强的学习者偏向逻辑记忆法；有的人喜欢极度安静的学习环境，有的人喜欢听音乐学习。我们需要通过向内探寻，挖掘自己的记忆偏好。

3. 知识储备

每个人的阅历经验、知识储备各不相同，而这些同样会影响我们在执行记忆任务时选择的记忆方式。例如一个知识渊博的历史学家，在学习一个历史事件时，他能快速做出横向和纵向的对比，联系同时期不同国家的实际情况，联系这个国家不同时期的历史变迁，应用从不同历史事件中抽离出来的史观来理解这个事件，从而对事件发生的原因和机理有深厚的理解。但同样的知识点给刚刚接触社会的孩子来学习，他必然无法使用相同的办法。

4. 时间管理

作为生活在社会中的个体，我们在不同的时间段被安排了不同的事情，什么时间我们能拿来完成背书任务，同样也是需要提前规划好的。例如细碎的时间可以背单词，完整的时间可以背长文段，等等。这些都需要我们根据自身的状况去安排。

二 材料分析

在我们拿到背诵材料之后，不要急着开始背诵，而是要先浏览它，建立一个整体的认知，并对素材进行以下几个方面的分析。

1. 素材类型

我们要确定我们的背诵素材是什么样的类型，换句话说就是给这个素材贴上标签，例如从所属学科上，它是属于英语单词，还是文言文，还是教育学知识？从知识性质上，它是定义，还是方法论？当我们对知识有了较为清晰的认识，才能更好地制订最为合适的记忆计划。

2. 记忆任务分析

在对内容分析过后，我们还要进一步弄清楚记忆的目的，以及记忆任务的需求。

记忆同样的内容，不同的人往往出于不同的目的，有的人出于对诗词的兴趣，平日里会主动积累各式各样的诗词，有的人为了参加诗词大赛，在任务驱动下去记忆诗词，而有的人则是出于考试的需求。而不同的记忆目的，在记忆维持时间、记忆精确度、用来记忆的时间上，都会有很大的不同。

3. 记忆维持时间

在前文中我们提到过一个相当重要的问题：我们并不必要求自己将

所有记忆过的知识都维持在可以随时完美从脑海中提取的程度，对于一些不再需要的知识，我们是可以不进行维护，让它自然忘却的。在现实生活中我们也一直是这么做的。

对于只需要快速记忆，完成任务就可以遗忘的内容，我们并不需要花太长的时间去钻研，尤其是记忆一些陌生领域的知识且信息量非常大时。而对于我们需要长期记得的知识，我们则需要投入较多的时间，进行系统性的学习。

4. 记忆精确度

记忆的精确度可以简单地分为五个等级：

第1级：看到提示能想起来。

第2级：能直接想起来。

第3级：意思准确。

第4级：一字不差。

第5级：框架清晰。

对于信息匹配题和选择题等可以通过提示进行回忆的知识，我们只需要做到第1级即可。作为需要深入浅出地把知识教给孩子们的教师，则需要做到对知识的脉络有一个清晰的认知。

5. 记忆时间

大家有没有过突然得知下一节课要考试，赶紧火急火燎开始背诵的经历？通常来说，当我们获取记忆任务时，都会有一个完成的时限，这个限制要么是他人设置的，要么是自己设置的。清晰地确认任务的完成时限，有利于我们选择学习的方式、记忆的方式和复习的方式。

第二节　制订计划

在完成第一步的各种分析之后，我们就可以着手制订我们的记忆计划了。在这一环节中，我们需要安排好自己要用什么样的方式方法来记忆这些知识。而这个计划又被分为初次记忆的计划和复习计划两个部分。其中初次记忆的计划，又可以进一步划分为记忆方法的选择与记忆技巧的选择。

大家初次看到这种划分一定会很疑惑，记忆方法和记忆技巧到底有什么不同呢？这其实是我自己设定的一个概念，将我们常用的记忆手段做更进一步的分类。记忆方法负责概括对整一大块信息的处理方式，记忆技巧则强调如何对每一个细碎的知识点进行精加工。其中的异同我们继续往下读，就能见分晓。

一　记忆方法

常见的记忆方法大致有：理解记忆、分段记忆、对比记忆、重复记忆、过度学习、复述记忆和实践应用。

①理解记忆：通过理解知识间的逻辑关系，依靠逻辑链条作为钩子来记忆知识。

②分段记忆：将长文段按照一定逻辑拆分成若干较短的文段，从而降低每次记忆的难度。

③对比记忆：将内容、结构等相近或相反的知识放在一起进行对比记忆，进而减少记忆量。

④重复记忆：通过反复阅读或记忆相同的内容，不断强化知识在脑海中的印象。

⑤过度学习：在掌握知识之后，继续学习这部分内容，以强化知识在脑海中的印象。

⑥复述记忆：如费曼学习法，用自己的方式复述知识来促进知识的内化。

⑦实践应用：通过利用知识点完成题目或将知识点应用于实践来强化知识在脑海中的印象。

二 记忆技巧

记忆技巧就是我们在这本书中花了非常大篇幅讲解的重点。它包括联想法、记忆宫殿法、思维导图法等一系列建立起知识之间联系的方法，换言之，就是如何巧妙地处理每句话、每个字的方法。

我们可以根据行动分析的结果，挑选最适合我们且最符合这一记忆素材的方法与技巧，让二者有机结合起来共同发挥作用，促进我们记忆效率的最大化。

三 复习规划

我们需要根据对记忆任务的分析结果，来制订我们的复习计划。假设要记忆的是明天考试的内容，那么在完成今晚的学习之后，第二天早上最好能花时间再复习一次。

假设要记忆的是我们需要长期记得的内容，那我们就可以在彻底掌握之后，按照月或者年为单位进行定期复习，维持知识在我们脑中的清晰度，或是练习至条件反射般不假思索就能背出来的程度。

四 其他事项

在知晓我们的自身状况之后，我们可以想办法对症下药，提高我们的记忆效率，如寻找最适合的学习环境，养成良好的学习习惯和生活习惯，食用对应的食物等，以此调动我们更良好的记忆状态。

第三节 执行计划

在制订了适合我们自身状况的记忆计划之后，下一步自然是将计划落到实处，开始正式记忆。但是我们也不能一味地按照计划来进行，毕竟计划是死的，人是活的。在设计计划的过程中，我们不可避免地会忽略一些客观存在的问题，例如某一部分的知识特别复杂难记。因此我们要发挥我们的主观能动性，将计划作为参考，根据记忆的具体情况进行灵活记忆。

一 监控记忆过程

在记忆过程中，我们要留意自己的记忆过程，关注自己的记忆效率是否如计划预期的那般，自己的遗忘速度如何，自己的注意力和耐力能否坚持那么久，按照计划执行，自己是否能如期完成记忆。

二 调整记忆步调

倘若在监控的过程中，我们发现哪一方面不如预期，就需要分析其原因，对计划进行改良，调整我们的心态，更换记忆方法，修正复习频率。

上述的这些属于心理学中元记忆的范畴，感兴趣的朋友也可以去了解更多相关的内容。

第四节　复习要领

再好用的记忆方法，再周全的记忆计划，只要不复习，大部分的知识终究还是会被遗忘的。因此在记忆的漫长旅途中，复习才是一切的核心。接下来我们就一起来学习一些复习的要领吧！

一　复习心态

在记忆的过程中，太多的同学会因为自己遗忘了记忆过的知识而出现心态的失衡，认为自己因为没有把握好复习的时机而将先前所有的努力浪费了，将之前背过的知识全部还回去了。实际上这样的担心是完全没有必要的，不管何时我们都要坚信自己的努力没有白费。你可能在第一次、第二次复习的时候感觉知识点还是很生疏，乃至于没有什么印象，完全背不出来，这是非常正常的。这种对知识整体的陌生感会在复习了几遍之后突然迎来质变，我们会突然间就对之前还记不得的知识了如指掌。因此我们一定要放平心态，消除完全没有必要存在的焦虑。

话虽如此，合适的复习频率也确实会让我们的记忆效率提升不少，因此我们要始终铭记我们的最终使命是获得对全部知识的整体记忆。在执行记忆大量信息的任务（如背单词、背书）时，每天坚持复习尤为重要。不要为了赶进度，想早点背完就把时间全投入新知识的学习，这是本末倒置、急功近利的做法。

第九章
必看的系统性记忆方法论

二 留下线索

复习旧知识和记忆新知识是非常不一样的感觉。记忆新知识只需要按照记忆规划去执行就好了，但是复习旧知识并不是像记新知识那样重新把知识记一遍，而是按照从前的记忆路径走一遍，重温自己是如何记住这个知识的（如回忆逻辑框架）。

当路径清晰时，复习会非常轻松，但如果时间隔了太久，路径模糊，唤醒从前的记忆有时候可能比重新记一遍更吃力。因此在第一遍记忆时，在知识点旁边留下自己的记忆思路，对于复习来说是非常重要的。

三 复习效率

当我们持续复习时，随着遍数的增多，复习效率会越来越高，复习速度会越来越快。我们最开始要用5天才能过完一遍的内容，后续我们可能几小时就能复习完。当然，如果两次复习的间隔时间过长，就会失去这种效果。

四 多样的复习方式

复习的方式是多种多样的，我们可以从头到尾逐字背出来，可以快速浏览一遍内容，可以在脑海中过一遍知识，可以将知识教给其他人，也可以利用实践的方式来巩固。我们不要一味地使用一种方式来复习，要根据自己的任务需求和对知识的掌握程度，选择最合适的方式进行复习。

例如很多同学在复习的时候，常常采用从头到尾背诵的方式，这一方面利用了声音为我们加深印象，但另一方面，当我们对材料足够熟悉时，出声背诵的方式，反而会拖慢我们的复习速度，仅凭借能否背出来作为判断自己是否记得的依据，验证起来就过于缓慢且低效了。

需要强调的是，记忆宫殿有一个很大的优势也正是在于可以精准地判断自己对每一部分知识的掌握情况，且一部分知识的遗忘，不会影响其余部分的记忆。不仅如此，记忆宫殿给予了我们随时随地复习知识的可能性。无论是走在路上，还是坐在车上，我们都可以通过回忆记忆宫殿，在不需要看书本的情况下进行复习。

那么以上就是对于记忆方法论的详细分析，大家可以结合过往记忆的经验进行体会。记忆能力并不是仅仅靠听取他人的心得就能得到提高的，而是要在理解的基础上，通过不断练习一点点进步的。很多记忆方法，由于我们从未使用过，最开始应用时会有生涩感，要么毫无头绪，要么效率还不如以前高，这些都是非常正常的状况。但只要我们保持练习，当掌握了平衡感之后，骑自行车的速度终会快过跑步的。

很高兴可以用这样的方式系统性地将自己的背书心得分享给大家，真心希望它能真真切切地帮助大家提高自己的记忆能力，攻克一个又一个的记忆难题！

还是那句话，没有任何一种方法技巧能代替理解，考试或许可以投机取巧，但是学习不能！如果你想真真正正地在某一专业领域有所建树，那就一定要学会脚踏实地！我们希望我们所教授的方法和技巧可以辅助大家学习，帮助大家更加轻松地应试，能够考上好的学校，在一些更高的平台上努力，但是并不希望同学们就此养成投机取巧的习惯。最后，祝大家都能在学习和工作的道路上披荆斩棘，乘风破浪！